轨道交通装备制造业职业技能鉴定指导丛书

机械木工

中国北车股份有限公司　编写

中国铁道出版社

2015年·北京

图书在版编目(CIP)数据

机械木工/中国北车股份有限公司编写．—北京：中国铁道出版社，2015.4
(轨道交通装备制造业职业技能鉴定指导丛书)
ISBN 978-7-113-19968-5

Ⅰ.①机… Ⅱ.①中… Ⅲ.①木工机械—职业技能—鉴定—自学参考资料 Ⅳ.①TS64

中国版本图书馆 CIP 数据核字(2015)第 029903 号

书　　名：轨道交通装备制造业职业技能鉴定指导丛书
机械木工
作　　者：中国北车股份有限公司

策　　划：江新锡　钱士明　徐　艳
责任编辑：冯海燕　　　　编辑部电话：010-51873371
封面设计：郑春鹏
责任校对：焦桂荣
责任印制：郭向伟

出版发行：中国铁道出版社(100054，北京市西城区右安门西街 8 号)
网　　址：http://www.tdpress.com
印　　刷：河北新华第二印刷有限责任公司
版　　次：2015 年 4 月第 1 版　2015 年 4 月第 1 次印刷
开　　本：787 mm×1 092 mm　1/16　印张：11.75　字数：294 千
书　　号：ISBN 978-7-113-19968-5
定　　价：38.00 元

序

在党中央、国务院的正确决策和大力支持下，中国高铁事业迅猛发展。中国已成为全球高铁技术最全、集成能力最强、运营里程最长、运行速度最高的国家。高铁已成为中国外交的新名片，成为中国高端装备“走出国门”的排头兵。

中国北车作为高铁事业的积极参与者和主要推动者，在大力推动产品、技术创新的同时，始终站在人才队伍建设的重要战略高度，把高技能人才作为创新资源的重要组成部分，不断加大培养力度。广大技术工人立足本职岗位，用自己的聪明才智，为中国高铁事业的创新、发展做出了重要贡献，被李克强同志亲切地赞誉为“中国第一代高铁工人”。如今在这支近 5 万人的队伍中，持证率已超过 96%，高技能人才占比已超过 60%，3 人荣获“中华技能大奖”，24 人荣获国务院“政府特殊津贴”，44 人荣获“全国技术能手”称号。

高技能人才队伍的发展，得益于国家的政策环境，得益于企业的发展，也得益于扎实的基础工作。自 2002 年起，中国北车作为国家首批职业技能鉴定试点企业，积极开展工作，编制鉴定教材，在构建企业技能人才评价体系、推动企业高技能人才队伍建设方面取得明显成效。为适应国家职业技能鉴定工作的不断深入，以及中国高端装备制造技术的快速发展，我们又组织修订、开发了覆盖所有职业(工种)的新教材。

在这次教材修订、开发中，编者们基于对多年鉴定工作规律的认识，提出了“核心技能要素”等概念，创造性地开发了《职业技能鉴定技能操作考核框架》。该《框架》作为技能人才评价的新标尺，填补了以往鉴定实操考试中缺乏命题水平评估标准的空白，很好地统一了不同鉴定机构的鉴定标准，大大提高了职业技能鉴定的公信力，具有广泛的适用性。

相信《轨道交通装备制造业职业技能鉴定指导丛书》的出版发行，对于促进我国职业技能鉴定工作的发展，对于推动高技能人才队伍的建设，对于振兴中国高端装备制造业，必将发挥积极的作用。

中国北车股份有限公司总裁：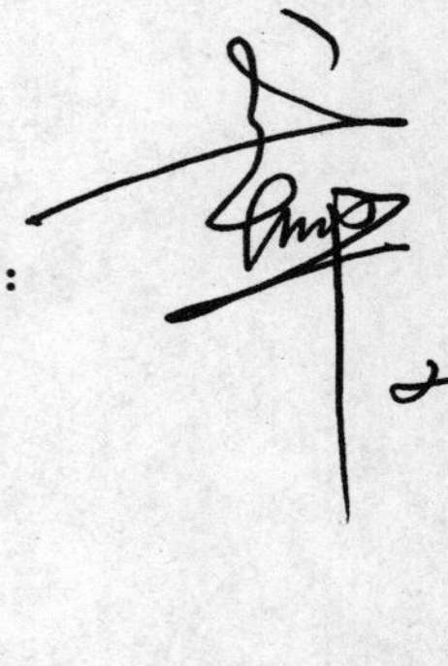

2015.2.7

前　言

鉴定教材是职业技能鉴定工作的重要基础。2002年，经原劳动保障部批准，中国北车成为国家职业技能鉴定首批试点中央企业，开始全面开展职业技能鉴定工作。2003年，根据《国家职业标准》要求，并结合自身实际，组织开发了《职业技能鉴定指导丛书》，共涉及车工等52个职业（工种）的初、中、高3个等级。多年来，这些教材为不断提升技能人才素质、适应企业转型升级、实施“三步走”发展战略的需要发挥了重要作用。

随着企业的快速发展和国家职业技能鉴定工作的不断深入，特别是以高速动车组为代表的世界一流产品制造技术的快步发展，现有的职业技能鉴定教材在内容、标准等诸多方面，已明显不适应企业构建新型技能人才评价体系的要求。为此，公司决定修订、开发《轨道交通装备制造业职业技能鉴定指导丛书》（以下简称《丛书》）。

本《丛书》的修订、开发，始终围绕促进实现中国北车“三步走”发展战略、打造世界一流企业的目标，努力遵循“执行国家标准与体现企业实际需要相结合、继承和发展相结合、坚持质量第一、坚持岗位个性服从于职业共性”四项工作原则，以提高中国北车技术工人队伍整体素质为目的，以主要和关键技术职业为重点，依据《国家职业标准》对知识、技能的各项要求，力求通过自主开发、借鉴吸收、创新发展，进一步推动企业职业技能鉴定教材建设，确保职业技能鉴定工作更好地满足企业发展对高技能人才队伍建设工作的迫切需要。

本《丛书》修订、开发中，认真总结和梳理了过去12年企业鉴定工作的经验以及对鉴定工作规律的认识，本着“紧密结合企业工作实际，完整贯彻落实《国家职业标准》，切实提高职业技能鉴定工作质量”的基本理念，在技能操作考核方面提出了“核心技能要素”和“完整落实《国家职业标准》”两个概念，并探索、开发出了中国北车《职业技能鉴定技能操作考核框架》；对于暂无《国家职业标准》、又无相关行业职业标准的40个职业，按照国家有关《技术规程》开发了《中国北车职业标准》。经2014年技师、高级技师技能鉴定实作考试中27个职业的试用表明：该《框架》既完整反映了《国家职业标准》对理论和技能两方面的要求，又适应了企业生产和技术工人队伍建设的需要，突破了以往技能鉴定实作考核中试卷的难度与完整性评估的“瓶颈”，统一了不同产品、不同技术含量企业的鉴定标准，提高了鉴定考核的技术含量，保证了职业技能鉴定的公平性，提高了职业技能鉴定工作质量和管理水平，将成为职业技能鉴定工作、进而成为生产操作者技能素质评价的新标尺。

本《丛书》共涉及98个职业(工种),覆盖了中国北车开展职业技能鉴定的所有职业(工种)。《丛书》中每一职业(工种)又分为初、中、高3个技能等级,并按职业技能鉴定理论、技能考试的内容和形式编写。其中:理论知识部分包括知识要求练习题与答案;技能操作部分包括《技能考核框架》和《样题与分析》。本《丛书》按职业(工种)分册,并计划第一批出版74个职业(工种)。

本《丛书》在修订、开发中,仍侧重于相关理论知识和技能要求的应知应会,若要更全面、系统地掌握《国家职业标准》规定的理论与技能要求,还可参考其他相关教材。

本《丛书》在修订、开发中得到了所属企业各级领导、技术专家、技能专家和培训、鉴定工作人员的大力支持;人力资源和社会保障部职业能力建设司和职业技能鉴定中心、中国铁道出版社等有关部门也给予了热情关怀和帮助,我们在此一并表示衷心感谢。

本《丛书》之《机械木工》由唐山轨道客车有限责任公司《机械木工》项目组编写。主编梁玉民,副主编厉呈臣;主审张晓海,副主审孙廷俭;参编人员刘超、陆辉、张志刚、李全柱、白军生。

由于时间及水平所限,本《丛书》难免有错、漏之处,敬请读者批评指正。

中国北车职业技能鉴定教材修订、开发编审委员会

二〇一四年十二月二十二日

目　　录

机械木工(职业道德)习题

一、填 空 题

1. 所谓职业道德,就是指从事一定职业的人,在工作或劳动过程中所要遵循的,与其职业活动紧密联系的(　　)的总和。

2. 职业道德是从(　　)中引申出来的。

3. 恩格斯指出:在社会生活中,实际上,每一个阶级,甚至每一个行业,都各有各的(　　)。

4. 职业道德又称为(　　)。

5. 职业道德存在普遍性与(　　)。

6. 社会公德与职业道德是部分与整体、个性与(　　)的关系。

7. 爱岗敬业是从业人员必备的(　　)。

8. 诚实守信是为人之本,是(　　)的基本要求。

9. 公民道德建设和职业道德建设的核心是(　　)。

10. 职业道德中的最高境界是(　　)。

11. 职业,就是人们由于分工,而(　　)的专门业务和特定的职责,并以此作为主要生活来源的工作。

12. 职业的本质是(　　)专业化与人的角色社会化的有机统一。

13. 个人立足于职场的前提条件是(　　)。

14. 社会主义精神文明建设要求(　　)与职业道德相辅相成。

15. 职业素养的特征是专业性、(　　)、内在性、整体性和发展性。

16. 职业素养的基本内容包括(　　)、职业精神、职业道德、职业技能、职业尊严、职业能力。

17. 要树立对用户负责、(　　)第一的思想。

18. 在操作中,首先要把好材料、配件的质量关,不合格的材料、配件(　　)。

19. 在操作中,严格按照有关的(　　)进行各种活动。

20. 职业精神就是与人们的职业活动紧密联系、具有自身职业特征的精神,反映出一个人的(　　)。

21. 社会主义职业道德区别于一切旧道德的根本标志是(　　)。

22. 社会主义职业道德是社会主义社会各行各业劳动者在职业活动中必须共同遵守的基本(　　)。

23. 社会主义集体主义的本质特征是在保障社会整体利益的前提下,实现个人利益和(　　)的结合。

24. 社会主义职业道德提高全社会的(　　)。

25. 社会主义职业道德主要规范的内容有：(　　)、诚实守信、办事公道、服务群众、奉献社会。

26. 从事任何工作都需要树立(　　)精神。

27. 每一个行业树立形象的根本是(　　)。

28. 处理个人、集体和国家三者关系的关键是(　　)。

29. 服务群众作为职业道德，不仅仅是对领导及公务员的要求，而且是对所有(　　)的要求。

30. 奉献社会是从业人员提高内在素质与体现(　　)的根本方法。

31. 职业道德行为修养是从业者在一定职业道德认识、情感、意志支配下所采取的(　　)。

32. 职业道德修养内容包括职业道德认识修养、职业道德情感修养、职业道德情感修养、职业道德(　　)和职业道德行为修养。

33. 职业道德评价包括两方面：道德的(　　)和道德的自我评价。

34. 员工接受并履行(　　)是企业顺利发展的前提。

35. 企业文化不止关乎企业(　　)，还应把它归结为企业管理要素。

二、单项选择题

1. 以下关于“节俭”的说法，正确的是(　　)。

(A)节俭是美德，但不利于拉动经济增长

(B)节俭是物质匮乏时代的需求，不适应现代社会

(C)生产的发展主要靠节俭来实现

(D)节俭不仅具有道德价值，也具有经济价值

2. 关于勤劳节俭的现代意义，你认为正确的是(　　)。

(A)太勤劳是不懂得生活的表现

(B)节俭不符合政府扩大内需政策的要求

(C)勤劳节俭有利于防止腐败

(D)艰苦创业精神应提倡，勤俭之风不宜宣扬

3. 对于成功者而言，无论天资如何，(　　)是不可缺少的重要条件。

(A)节俭　　(B)开拓　　(C)诚实　　(D)勤奋

4. 下列关于团结互助的表述中，正确的是(　　)。

(A)尊重服务对象属于团结互助的范畴

(B)“师徒如父子”是团结互助的典范

(C)同事之间是竞争关系，难以做到团结互助

(D)上下级之间不会是平等的关系

5. 下列选项中，不符合平等尊重要求的是(　　)。

(A)员工年龄不同可以分配不同的工种

(B)员工之间在工作内容上不应有任何差别

(C)根据服务对象的性别给予不同的服务

(D)师徒之间要平等尊重

6.“你敬我一尺,我敬你一丈”反映的是团结互助道德规范中(　　)的具体要求。

(A)胸怀坦荡　(B)互助学习　(C)平等尊重　(D)助人为乐

7. 下列关于创新的论述中,正确的是(　　)。

(A)不是人人都能够做到创新的,只要善于学习就可以了

(B)创新就是独立自主,不需要合作

(C)创新需要树立科学的思维方式,需要标新立异

(D)引进技术显然不是创新,所以引进外国新技术不算创新

8. 实现人生理想和价值的具体表现和重要途径是(　　)。

(A)创新活动　(B)思维方式　(C)工作环境　(D)坚强的意志

9. 市场经济是一种竞争经济,竞争的结局必然是优胜劣汰、适者生存;要使自己在竞争中立于不败之地必须(　　)。

(A)按客观规律办事　(B)了解市场行情和动态

(C)推陈出新,开拓创新　(D)把要我做变成我要做

10. 下列表述中,违背遵纪守法要求的是(　　)。

(A)学法、知法、守法、用法　(B)研究法律漏洞,为企业谋利益

(C)依据企业发展需要,创建企业规章制度　(D)用法、护法,维护自身权益

11. 职业纪律是最明确的职业规范,它以(　　)方式规定了职业活动中最基本的要求。

(A)道德规范　(B)规章制度　(C)行政命令　(D)办法

12. 在以下认识中,你认为可取的是(　　)。

(A)任何时候都要树立干一行、爱一行、专一行的思想

(B)谁也不知道将来会怎样,因此要多转行,多受锻炼

(C)由于找工作不容易,所以干一行就要干到底

(D)我是一块砖,任凭领导搬

13. 现实生活中,一些人不断地从一家公司“跳槽”到另一家公司。虽然这种现象在一定意义上有利于人才的流动,但它同时也说明这些从业人员缺乏(　　)。

(A)工作技能　(B)强烈的职业责任感

(C)光明磊落的态度　(D)坚持真理的品质

14. 具有高度责任心应做到(　　)。

(A)方便群众,注重形象　(B)光明磊落,表里如一

(C)工作勤奋努力,尽职尽责　(D)不徇私情,不谋私利

15. 从业人员基于对本职工作的正确认识而产生的职业责任感和职业献身精神指的是(　　)。

(A)热爱本职,忠于职守　(B)遵章守纪

(C)团结互助　(D)精心操作

16.“质量是企业的生命”,高质量的产品,最终是靠从业人员(　　)出来的。

(A)精心制作　(B)钻研技术　(C)团结互助　(D)关心企业

17. 职业精神的核心是敬业、(　　)、创业、立业。

(A)精业　(B)勤业　(C)开业　(D)作业

18. 下列哪一项没有违反诚实守信的要求( )。
(A)凡有利于企业利益的行为
(B)根据服务对象来决定是否遵守承诺
(C)派人打进竞争对手内部，增强竞争优势
(D)保守企业秘密
19. 与法律相比，道德在调控人与人、人与社会以及人与自然之间的各种关系时，它的( )。
(A)时效性差 (B)作用力弱 (C)操作性强 (D)适应范围大
20. 以下关于从业人员与职业道德关系的说法中，你认为正确的是( )。
(A)每个从业人员都应该以德为先，做有职业道德之人
(B)只有每个人都遵守职业道德，职业道德才会起作用
(C)遵守职业道德与否，应该视具体情况而定
(D)知识和技能是第一位的，职业道德则是第二位的
21. 职工在工作中必须遵守的行为准则不正确的说法是( )。
(A)自觉接受应承担的任务，不可有怨言 (B)敢于对领导说不
(C)关心和信任对方 (D)尊重同事的隐私
22. 职业劳动不仅是一种生产经营的职业活动，也是( )。
(A)创新活动 (B)思想修养
(C)能力、纪律和品格的训练 (D)道德情感
23. 语言简练、语义明确属于( )职业道德规范的具体要求。
(A)文明礼貌 (B)爱岗敬业 (C)诚实守信 (D)团结互助
24. 下列体现办事公道的做法是( )。
(A)在任何情况下按“先来后到”的次序提供服务
(B)对当事人“各打五十大板”
(C)协调关系奉行“中间路线”
(D)处理问题“不偏不倚”
25. 坚持真理，秉公办事，就必须努力做到( )。
(A)优质服务 (B)维护企业信誉 (C)要敢于说“不” (D)举止得体
26. “三人同心，其利断金”这句话说明了( )。
(A)人与金子的关系 (B)团结协作的重要性
(C)先进技术具有强大的生产力 (D)发挥个人力量的作用
27. 下列说法中，包含着创新思想的是( )。
(A)与时俱进 (B)“礼之用，和为贵”
(C)“民为邦本，本固邦宁” (D)发挥个人力量的作用
28. 一个人要立足社会并成就一番事业，除了刻苦学习，努力掌握专业知识、技能以外，更为关键的是应注重( )。
(A)遵纪守法 (B)团结互助 (C)职业道德修养 (D)艰苦奋斗
29. 从我国历史和国情出发，社会主义道德建设要坚持以( )为原则。
(A)共产主义 (B)集体主义 (C)爱国主义 (D)社会主义

30. 举止得体的具体要求是(　　)。
(A)态度严谨　(B)表情严肃　(C)行为适度　(D)热情奔放
31. 下列关于职业道德的说法中,正确的是(　　)。
(A)职业道德的形式因行业不同而有所不同
(B)职业道德在内容上具有变动性
(C)职业道德在适用范围上具有普遍性
(D)讲求职业道德会降低企业的竞争力
32. 通常情况下,当你与同事一起做某项工作时,你会(　　)。
(A)说服同事按自己的想法做　(B)商量着做
(C)多听同事意见,自己配合着做　(D)谁年纪大就听谁的
33. 职业理想是个人对未来(　　)的向往和追求。
(A)生活　(B)职业　(C)事业　(D)家庭
34. 用人单位的权利正确的是(　　)。
(A)制定合法作息时间的权利　(B)无故解雇员工的权利
(C)要求员工加班的权利　(D)克扣员工工资的权利
35. 单位来了一位缺乏工作经验的新同事,如果你的工作经验比较丰富,你应该(　　)。
(A)如果领导让我帮助他,我就尽力去做,领导没有安排,我就不去干预别人
(B)各司其职,没必要对他人指手划脚
(C)在工作中遇到具体问题时也不提示他
(D)在工作中遇到具体问题再提示他

三、多项选择题

1. 以下属于职业特性的是(　　)。
(A)专业性　(B)多样性　(C)技术性　(D)时代性
2. 职业道德的基本规范包括(　　)。
(A)爱岗敬业　(B)诚实守信　(C)办事公道
(D)服务群众　(E)奉献社会
3. 新世纪职业发展变化的特点包括(　　)。
(A)职业种类不断增加　(B)职业种类不断更新
(C)职业内容不断改变　(D)职业结构不断调整
4. 评价从业人员的职业责任感,应从(　　)。
(A)能否与同事和睦相处　(B)能否完成自己的工作任务
(C)能否得到领导的表扬　(D)能否为客户服务
5. 勤劳节俭不仅是抵制产生腐败行为的良药,还是(　　)。
(A)个人事业成功的催化剂　(B)企业在市场竞争中取胜的秘诀
(C)人生美德　(D)维持社会可持续发展的法宝
6."业精于勤,毁于惰"指的是(　　)。
(A)从细微处严格要求自己　(B)勤奋是事业成功的保证

(C)懒惰是事业无所成就的原因　　(D)屈服私人感情

7. 遵守职业纪律,要求从业人员(　　)。

(A)履行岗位职责

(B)执行操作规程

(C)可以不遵守那些自己认为不合理的规章制度

(D)处理好上下级关系

8. 纪律是一种行为规范,它要求人们在社会生活中(　　)。

(A)文明礼貌　　(B)遵守秩序　　(C)执行命令　　(D)履行职责

9. 在企业经营活动中,员工之间加强团结互助的要求包括(　　)。

(A)讲究合作,避免竞争　　(B)平等交流,平等对话

(C)既合作又竞争,竞争与合作相统一　　(D)互相学习,共同提高

10. 以下关于平等尊重的说法中,你认为正确的有(　　)。

(A)师徒之间平等尊重

(B)师徒如父子

(C)下级尊重上级,无条件维护上级的权威

(D)下级可以对上级提出批评意见

11. 创新不一定要发明新东西,(　　)都是创新。

(A)绝妙的想法　　(B)新颖的主意　　(C)各种幻想　　(D)诚实守信

12. 创新对企事业和个人发展的作用表现在(　　)。

(A)是企事业持续、健康发展的巨大动力

(B)是企事业竞争取胜的重要手段

(C)是个人事业获得成功的关键因素

(D)是个人提高自身职业道德水平的重要备件

13. 从职业道德的角度看,维护企业信誉的做法包括(　　)。

(A)树立企业利益绝对至上意识　　(B)树立服务质量意识

(C)树立产品质量意识　　(D)任何情况下都保守企业机密

14. 关于职业技能,正确的说法是(　　)。

(A)职业技能是人们履行职业责任的能力

(B)职业技能与职业活动经验密切相关

(C)职业技能高低就是看个人体力强弱

(D)人的先天因素影响了职业技能的高低

15. 下列说法中,正确的是(　　)。

(A)企业合法经营依法纳税,不应承担额外的保护环境的责任

(B)企业通过经济活动赚取利润,还要承担社会义务

(C)生产过程中多用电、水,可以提高电厂、水厂的经济效益

(D)每个职工都要树立可持续发展的理念

四、判断题

1. 在工作中我不伤害他人就是有职业道德。(　　)

2. 企业的利益就是职工的利益。(　　)

3. 每一名劳动者,都应坚决反对玩忽职守的渎职行为。(　　)

4. 为人民服务是社会主义的基本职业道德的核心。(　　)

5. 勤俭节约是劳动者的美德。(　　)

6. 职业只有分工不同,没有高低贵贱之分。(　　)

7. 铺张浪费与定额管理无关。(　　)

8. 企业职工应自觉执行本企业的定额管理,严格控制成本支出。(　　)

9. 搞好自己的本职工作,不需要学习与自己生活工作有关的基本法律知识。(　　)

10. 所谓职业道德,就是同人们的职业活动紧密联系的符合职业特点所要求的道德准则、道德情操与道德品质的总和。(　　)

11. 工资不包含福利。(　　)

12. 本人职业前途与企业兴衰、国家振兴毫无联系。(　　)

13. 社会主义职业道德的基本原则是用来指导和约束人们的职业行为的,需要通过具体明确的规范来体现。(　　)

14. 掌握必要的职业技能是完成工作的基本手段。(　　)

15. 职业道德与职业纪律有密切联系,两者相互促进,相辅相成。(　　)

16. 每一名劳动者,都应提倡公平竞争,形成相互促进、积极向上的人际关系。(　　)

17. 劳动合同分为固定期限劳动合同、无固定期限劳动合同和以完成一定工作任务为期限的劳动合同。(　　)

18. 节俭是个人品质,与反腐败也有内在关联。(　　)

19. 办事公道是对厂长、经理职业道德要求,与普通工人关系不大。(　　)

20. 倡导以德治国要淡化法律的强制性。(　　)

21. 职工在工作中必须遵守的行为准则包括自觉接受应承担的任务,不可有怨言。(　　)

22. 企业的目标分为长远的终极目标和短暂过渡性目标,作为企业文化的目标,一般是指长期目标。(　　)

23. 从业人员遵纪守法关系到企业的发展和个人的前途。(　　)

24. 按照《中华人民共和国劳动法》的规定,劳动者严重违反用人单位规章制度,用人单位可以解除劳动合同。(　　)

25. 职业纪律是社会上各类人群必须共同遵守的行为准则。(　　)

26. 职业既是人们社会地位和社会角色的集中体现,又是个人利益和自我价值实现的主要途径。(　　)

27. 从业人员良好的职业道德修养,不会影响到产品的品牌信誉和单位形象。(　　)

28. 职业活动是人们由于特定的社会分工而从事的具有专门业务和特定职责,并以此作为主要生活来源的社会活动。(　　)

29. 道德评价是一种善恶评价,它从既定的或所认同道德价值准则出发,对人们的行为作出正当与否的评价。(　　)

30. 道德的社会评价是内在压力,道德的自我评价是外在压力。(　　)

31. 道德选择受时代的客观条件和选择主体的选择意识和选择能力的水平影响。(　　)

32. 正确的道德选择应建立在对从事职业的部分、大概认识的基础上。( )
33. 无私奉献精神作为一种道德追求,具有与社会主义市场经济相容的因素。( )
34. 每个人都有权享受他人的服务,同时又承担着为他人做出服务的义务。( )
35. 坚持社会主义,可以容许个人主义存在。( )

机械木工(职业道德)答案

一、填空题

1. 道德规范	2. 职业生活	3. 道德	4. 行业道德
5. 特殊性	6. 共性	7. 基本规范	8. 职业道德
9. 服务群众	10. 奉献社会	11. 长期从事	12. 社会职能
13. 职业道德	14. 职业发展	15. 稳定性	16. 职业意识
17. 质量	18. 不得使用	19. 操作规程	20. 职业素质
21. 集体主义	22. 行为准则	23. 集体利益	24. 道德素质
25. 爱岗敬业	26. 敬业奉献	27. 诚实守信	28. 办事公道
29. 从业人员	30. 外在价值	31. 自觉行为	32. 意志修养
33. 社会评价	34. 企业价值观	35. 外在形象	

二、单项选择题

1. D	2. C	3. D	4. A	5. B	6. C	7. C	8. A	9. C
10. B	11. C	12. A	13. B	14. C	15. A	16. A	17. B	18. D
19. D	20. A	21. A	22. C	23. A	24. D	25. C	26. B	27. A
28. C	29. B	30. C	31. A	32. B	33. B	34. A	35. D	

三、多项选择题

1. ABCD	2. ABCDE	3. ABCD	4. BD	5. ABC	6. BC	7. AB
8. BCD	9. CD	10. AD	11. AB	12. ABC	13. BC	14. ABD
15. BD						

四、判断题

1. ×	2. √	3. √	4. √	5. √	6. √	7. ×	8. √	9. ×
10. √	11. ×	12. ×	13. √	14. √	15. √	16. √	17. √	18. √
19. ×	20. ×	21. ×	22. √	23. √	24. √	25. ×	26. √	27. ×
28. √	29. √	30. ×	31. √	32. ×	33. √	34. √	35. ×	

机械木工(初级工)习题

一、填 空 题

1. 木材的某些特征可以通过人的(　　)来鉴别。

2. 识别木材种类一个很重要的特征是(　　)。

3. 鉴别木材树种时,选取(　　)标准切面。

4. 在原木横切面上,有一圈圈呈同心圆或不规则波浪状的木质层,叫(　　)。

5. 在每一年轮内,靠里面的部分是每年生长季节初期形成的,颜色较浅,材质较软叫(　　)。

6. 在每一年轮内,靠外的部分是夏末秋初生长的,颜色较深,材质较硬,叫(　　)。

7. 在原木的横切面上,可以看到树皮、形成层、木质部、髓心等(　　)。

8. 在树木与木质部之间有很薄的一层组织叫形成层,它是树木的(　　)。

9. 形成层以内的部分是木质部,它是树干中最有经济价值的(　　)。

10. 有些树种在树干中心部分的颜色较深叫(　　)。

11. 在树干心材外围颜色较浅部分,叫(　　)。

12. 在原木横切面上,可以看到很多颜色较浅呈辅射状的细条纹,在木质部中心的叫(　　)。

13. 在原木横切面上,在年轮中心部分颜色较深,材质较松软的部分叫(　　)。

14. 铁道车辆常用木材主要是两大类,针叶树和(　　)。

15. 针叶树的叶子主要是针形,(　　)。

16. 阔叶树的叶子是大小不同的片状叶,(　　)。

17. 简单地说,加工余量就是毛料尺寸与(　　)尺寸之差。

18. 玻璃钢别名玻璃纤维增强塑料,俗称(　　),即纤维增强复合塑料。

19. 因木材含水率减少引起木材尺寸和体积逐渐缩小的现象叫(　　)。

20. 因木材含水率增加引起木材尺寸增大、体积膨胀、强度降低的现象叫(　　)。

21. 木材抵抗外力作用的能力是指(　　)。

22. 木材的强度包括木材的抗拉强度、抗压强度、抗剪强度和(　　)。

23. 木材受拉力作用,因作用力(拉力)的方向与木材纤维方向不同,又分为顺纹抗拉强度和(　　)。

24. 木材的缺陷包括树木本身生长过程中的缺陷、由于(　　)而引起的缺陷和加工不当而造成的缺陷。

25. 木材受到腐朽菌的侵蚀后,不但颜色和结构发生变化,而且变松软脆弱,这种状态称为(　　)。

26. 树干中的活枝条或死枝条在树干中的枝叉基部,称为(　　)。

27. 在树干砍伐前,树枝生长正常,和周围树干木材全部紧密相连在一起的叫(　　)。
28. 砍伐前树枝已枯死,树枝与树干周围木材已脱离者叫(　　)。
29. 如果树枝和与它相连的树干周围材质已腐朽的叫(　　)。
30. 按节子的断面形状,可以分为(　　)种。
31. 按榫头的形状,榫头主要分为(　　)、燕尾榫和圆榫。
32. 吊车不得(　　)使用,以免发生危险。
33. 某些针叶树的轮生节为(　　)。
34. 树木在生长期间或伐倒后,由于受到外力或温度变化的影响,使木材纤维之间发生脱离的现象,称为(　　)。
35. 在木材断面内部方向,沿半经方向开裂的裂纹叫(　　)。
36. 在木材断面沿年轮开裂的裂纹叫(　　)。
37. 木材由于干燥不均匀引起的裂纹称为(　　)。
38. 铆螺母按照材料不同可分为钢制铆螺母、铝制铆螺母和(　　)。
39. 铆螺母按照其形状不同可分为(　　)、圆身(滚花或平滑型)、开口型、闭口型。
40. 在装配前用一定数量的密封材料填满孔洞的密封形式叫做(　　)。
41. 木材砍伐后,仅除去树枝,没有按一定长度规格截去树梢的树干叫(　　)。
42. 树木砍伐后,不仅砍除树枝,还按规定长度截去树梢的标准长度树干叫(　　)。
43. 不经过加工直接适用于坑木、电杆、桩木使用的原木叫(　　)。
44. 经过加工后适用于用来制作各种木制品的原木叫(　　)。
45. 木材宽度为厚度的(　　)以上者称为板材。
46. 宽度不足厚度三倍的方木叫(　　)。
47. 木材学上树木本身的名称叫(　　)。
48. 根据木材的不同用途而作的分类叫(　　)。
49. 材质是指木材质量的好坏;衡量质量好坏的标准是木材缺陷的多少和(　　)。
50. 原木锯制后的板方材和枕木是(　　)。
51. 新锯制的板方材一般叫(　　)。
52. 经过干燥的板方材叫(　　)。
53. 三视图具有长对正、高平齐、宽相等的(　　)。
54. 三视图的名称是:主视图、俯视图、(　　)。
55. 一个完整的尺寸,包括尺寸线、尺寸界线和(　　)三个基本要素。
56. 允许零件尺寸的变动量称为尺寸公差,简称(　　)。
57. 标准公差共有(　　)级。
58. 56($X_1=+4$, $X_2=-2$)表示板的最大极限尺寸是 60 mm,最小极限尺寸是(　　)mm。
59. 零件设计时给定的尺寸叫(　　)。
60. 加工后测得的尺寸叫(　　)。
61. 允许尺寸变化的两个界限值叫(　　)。
62. 尺寸公差带的大小是由(　　)确定的。
63. 尺寸公差带的位置是由(　　)确定的。

64. 孔和轴的基本偏差各有(　　)个。
65. 配合时的基准制有(　　)种。
66. 基准孔的基本偏差代号是(　　)。
67. 基准轴的基本偏差代号是(　　)。
68. 孔与轴的配合有(　　)种。
69. 如果孔的尺寸大于轴的尺寸,装配时就产生(　　)。
70. 如果孔的尺寸小于轴的尺寸,装配时就产生(　　)。
71. 国标规定形状公差项目共(　　)项。
72. 国标规定位置公差项目共(　　)项。
73. 尺寸链中除封闭环以外的尺寸是(　　)。
74. 表面粗糙度高度参数用数值表示,单位是(　　)。
75. 表面粗糙度的高度参数 Ra 表示(　　)。
76. 表面粗糙度的高度参数 Rz 表示(　　)。
77. 表面粗糙度的高度参数 Ry 表示(　　)。
78. 1 m=(　　)mm。
79. 1 in=(　　)mm。
80. 使用万用表测量电流或电压时,若不知是交流还是直流,此时应该用(　　)挡先测试一下。
81. 电荷有规则的运动称为(　　)。
82. 工厂施工中的安全电压为(　　)。
83. 如果电流的大小和方向都不随时间变化而变化,则称其为(　　)。
84. 如果电流的大小和方向都随时间的变化而变化,则称其为(　　)。
85. 导体对电流的阻碍作用称为(　　)。
86. 两个或两个以上的电阻依次相连,中间无分支的连接方式叫电阻的(　　)。
87. 两个或两个以上的电阻其两端分别接在一起,连接在电路中称为(　　)。
88. 人体因触及带电体而承受过高的电压以致引起死亡或局部受伤现象叫(　　)。
89. 通过人体内的电流超过(　　)时,中枢神经就会遭受损害,从而使心脏停止跳动而死亡。
90. 为了减少触电危险,规定工作人员经常接触的电气设备,一般应使用(　　)以下的安全电压。
91. 皮带传动是依靠皮带与皮带轮之间的(　　)来传动的。
92. 在皮带传动中,两个皮带轮的转速比与这两个皮带轮的直径成反比,这个比叫(　　)。
93. 皮带传动中分平皮带传动和(　　)两种。
94. 木工机床常用润滑剂有(　　)和固态黄甘油脂类。
95. 常用润滑油有(　　)种。
96. 常用润滑脂有(　　)种。
97. 铁路车辆可分客车和(　　)。
98. MB403 表示最大刨削宽度为(　　)的四面刨床。

99. 25 型客车车体长度为(　　)。

100. 新带锯条下料的计算公式 $L=$(　　)。

101. 带锯条一般连续使用(　　)就更换。

102. 锯条每次磨修后,应保证(　　)正确并保持不变。

103. 圆锯片是周边开有锯齿的圆盘式木材锯割刃具,它套夹在锯机主轴上高速旋转而(　　)。

104. 圆锯片可用来对木材进行纵向锯割、横向截断和(　　)等。

105. 圆锯片的种类按锯割时锯口方向与木材纤维方向的不同,可分纵解圆锯片和(　　)。

106. 平面刨刀是指平刨机、压刨机、三面刨或四面刨木机的(　　),它主要用来对木材进行平面刨削。

107. 刨刀的长度根据刨床规格决定,刀片的宽度根据刀架(　　)来决定。

108. 平面刨刀刃磨机有(　　)种类型。

109. 木工铣刀主要用于铣削榫头、沟槽、缺口以及各种(　　)。

110. 木工铣刀按其结构特点可分为整体铣刀、(　　)和端铣刀等。

111. 木工铣刀结构和形状多种多样,大多是根据本单位产品需要的形状自己(　　)的。

112. 常用的木工钻头有(　　)种。

113. 机木工钻头钻柄的形式有三角柄、直柄和(　　)三种。

114. 麻花钻头的刃磨是用手工在砂轮机上(　　)。

115. 将原木或方木送上(　　)的动作称为上木。

116. 跑车具有 3～5 个卡木桩,通常同时进退,使某一卡木桩单独位移的动作称为(　　)。

117. 跑车卡木桩上的上钩和底钩,以上、下两个方向卡紧木材机构的动作称为(　　)。

118. 将原木翻转某一角度的动作称为(　　)。

119. 原木或木料锯割的过程称为(　　)。

120. 原木经过调头机使小头向前输入制材车间进行加工的方法称为(　　)。

121. 原木或木料经过锯割后,返回进料位置的过程称为(　　)。

122. 完成锯割过程后,将木料从进料机构上卸下来的动作称为(　　)。

123. 原木经制材加工得到产品叫(　　)。

124. 沿原木半径方向锯制的板材,年轮纹切线与宽材面夹角在 45°以上者是(　　)。

125. 沿原木年轮切线方向锯制的板材,年轮纹切线与宽材面夹角不足 45°以上者是(　　)。

126. 出材率、质量、经济效益最佳化的下锯方法称为(　　)。

127. 按缺陷特征和部位,采取集中剔除严重缺陷或适当分散一般缺陷的下锯方法称为(　　)。

128. 生产径切板的下锯是指(　　)。

129. 生产弦切板的下锯是指(　　)。

130. 原木小头端面内接正方材范围、可割取的枕木、厚板等主要产品称为(　　)。

131. 除主产品外,可割取与原木等长度的板、方材等产品称为(　　)。

132. 包装用箱板材，包括帮板、底板、盖板、堵板、带板、底楞等部件是指(　　)。
133. 产品经检验不合格，需要再加工的锯材称为(　　)。
134. 细木工加工前的一道工序是(　　)。
135. 配料包括横截与纵解两道(　　)。
136. 纵解机有(　　)、细木工带锯机和纵解木工锯机。
137. 配料的方法有(　　)种。
138. 木制品中用带弧度的部件，一般采用(　　)配料法。
139. 地梁下料时，一般采用(　　)配料法。
140. 放样划线基本工具有(　　)多种。
141. 放样划线一般分为平面划线和(　　)。
142. 为了提高刨削质量，无论何种材质的材料，一般(　　)刨削。
143. 在一般情况下，平刨的进料速度应控制在(　　)。
144. 平刨加工长 400 mm 以下和厚 30 mm 以下 15 mm 以上的薄板时应用(　　)。
145. 一般情况下钻精度要求不高的孔加切削液的主要目的在于(　　)。
146. 木材的切削加工多数是使切削刀具作(　　)，工件移向刀具来完成的。
147. 一般刨削加工余量是：单面加工时留 3 mm；双面加工时留(　　)。
148. 木材长度加工余量一般留(　　)。
149. 检尺径是指原木径级，即小头通过断面中心的(　　)。
150. 加工用原木材质标准规定，一等原木中活和死节最大节子尺寸不得超过检尺径的(　　)。
151. 在机械木工检测中，使用最多的量具是(　　)。
152. 原木截面下锯偏斜时，应按(　　)为准。
153. 原木等级表示符号有(　　)种。
154. 原木径级应以(　　)为一个增进单位。
155. 计算原木材积时在(　　)。

二、单项选择题

1. 木材是由无数(　　)组成的多孔性物质。

(A)细胞核　(B)细胞质　(C)细胞粒　(D)木细胞

2. 要了解木材的构造和特质，可以从树干横向、径向、弦向锯开，得到(　　)切面。

(A)二个　(B)三个　(C)四个　(D)五个

3. 髓心是木材薄壁组织和(　　)生的初生木质部所组成的。

(A)第一年　(B)第二年　(C)第三年　(D)第四年

4. (　　)是指木材细胞的排列规律。

(A)木材花纹　(B)木射线　(C)木材纹理　(D)木材颜色

5. (　　)属于针叶树。

(A)水曲柳　(B)楸木　(C)柞木　(D)落叶松

6. (　　)属于阔叶树。

(A)红松　(B)白松　(C)桦木　(D)落叶松

7. 通常说木材的容重是以其含水率为(　　)时为标准的。

(A)15％　(B)18％　(C)25％　(D)30％

8. 木材含水率在纤维饱和点以下发生变化时会产生(　　)。

(A)变形　(B)干缩或湿胀　(C)开裂　(D)结构松脱

9. 外力与木材纤维方向垂直时的强度叫横纹抗压强度。木材横纹抗压极限强度为顺纹的(　　)。

(A)10％～30％　(B)20％～40％　(C)30％～50％　(D)40％～60％

10. 剪力方向和剪切面都与木材纤维方向平行时的抗剪强度,称为(　　)。

(A)抗剪极限强度　(B)顺纹抗剪强度　(C)横纹抗剪强度　(C)剪断强度

11. 在木材断面内部,沿半径方向开裂的裂纹称为(　　)。

(A)轮裂　(B)干裂　(C)纵裂　(D)径裂

12. 通常情况下1 m^3原木制成成品的材积仅有(　　)。

(A)0.3～0.5 m^3　(B)0.4～0.6 m^3　(C)0.5～0.7 m^3　(C)0.7～0.9 m^3

13. 按材质和加工工艺质量,胶合板可分为(　　)等级。

(A)一　(B)二　(C)三　(D)四

14. 木材中的水分蒸发时,首先蒸发(　　)。

(A)结合水　(B)自由水　(C)化合水　(D)附着水

15. 存在于细胞腔和细胞间隙里的水叫(　　)。

(A)自由水　(B)吸着水　(C)结合水　(D)化合水

16. 铁路客车新制各梁柱、承木、垫板等含水率为(　　)。

(A)10％±2％　(B)12％±4％　(C)16％±4％　(D)22％±4％

17. 准确地表达物体的形状、尺寸、技术要求的图称为(　　)。

(A)机械图样　(B)图样　(C)零件图　(D)草图

18. 图样上的尺寸,一般采用的单位是(　　)。

(A)厘米(cm)　(B)米(m)　(C)毫米(mm)　(D)分米(dm)

19. 仅画出机件某一部分的视图称为(　　)。

(A)局部视图　(B)斜视图　(C)基本视图　(D)旋转视图

20. 用两个相交的剖切平面,将机件剖开,所得到的剖视图称为(　　)。

(A)半剖　(B)阶梯剖　(C)旋转剖　(D)复合剖

21. 螺纹的规定画法中,牙底用(　　)。

(A)粗实线　(B)细实线　(C)虚线　(D)点划线

22. 在三投影中,由前往后投影,画在 V 面的视图称为(　　)。

(A)主视图　(B)俯视图　(C)左视图　(D)三视图

23. 在三面投影图中(　　)的长相等。

(A) 正立面图与侧立面图　(B)正立面图与水平面图

(C)侧立面图与水平面投影图　(D)正立面图、侧立面图、水平面投影图

24. 基本视图的数量是(　　)。

(A)3 个　(B)4 个　(C)5 个　(D)6 个

25. 最大极限尺寸与其基本尺寸的代数差称为(　　)。

(A)上偏差　(B)下偏差　(C)公差　(D)公差带

26.(　　)是相同基本尺寸互相结合的孔与轴公差带之间的关系。

(A)配合　(B)间隙配合　(C)过盈配合　(D)过渡配合

27. 纵截木料时,身体与锯割线成(　　)角。

(A)60°　(B)45°　(C)30°　(D)90°

28. 当三相异步电动机负载减少时,其功率因数(　　)。

(A)不变　(B)增高　(C)降低　(D)先增高再降低

29. 三相异步电动机的故障,一般可分为(　　)。

(A)两部分　(B)三部分　(C)四部分　(D)五部分

30. 通过人体内的电流超过(　　)时,中枢神经就会遭到损害,从而使心脏停止跳动而死亡。

(A)5 A　(B)0.5 A　(C)0.05 A　(D)0.005 A

31. 皮带传动分(　　)传动。

(A)两种　(B)三种　(C)四种　(D)五种

32. 平皮带传动中,如果要使两轮旋转方向相同,则可采用(　　)。

(A)交叉式传动　(B)半交叉式传动　(C)复式传动　(D)开口式传动

33. 我国生产的普通三角皮带按断面尺寸大小分(　　)型号。

(A)五种　(B)六种　(C)七种　(D)八种

34. 在机械传动中传动平稳无噪声,可以起自锁作用的属(　　)。

(A)皮带传动　(B)齿轮传动　(C)蜗杆传动　(D)链传动

35. 除尘装置类别主要有(　　)种。

(A)六种　(B)七种　(C)八种　(D)九种

36. 钳工常用的虎钳一般有(　　)种。

(A)二　(B)三　(C)四　(D)五

37. 卡钳是一种(　　)。

(A)量具　(B)划线工具　(C)找正工具　(D)测量工具

38. 在钳工划线工具中,(　　)属于基准工具。

(A)V 型铁　(B)角尺　(C)高度尺　(D)可调中心顶

39. 立体划线要确定(　　)基准。

(A)1　(B)2　(C)3　(D)4

40. 锉刀的粗细规格是按锉刀齿纹的齿距大小来表示的(　　)号锉纹用于粗锉刀。

(A)1　(B)2　(C)3　(D)4

41. 标准麻花钻头的顶角为(　　)±2°。

(A)108°　(B)118°　(C)128°　(D)138°

42. 工厂常用的风动砂轮所用的气压一般为(　　)。

(A)10 MPa　(B)5 MPa　(C)1 MPa　(D)0.5 MPa

43. 砂轮机的托架与砂轮间的距离一般应保持在(　　)以内,否则容易发生磨修件扎入现象。

(A)1 mm　(B)3 mm　(C)5 mm　(D)7 mm

44. 轴承代号201表示其内径为(　　)。

(A)1 mm　(B)5 mm　(C)10 mm　(D)12 mm

45. 液压系统中,液压马达属于(　　)部分。

(A)动力　(B)执行　(C)控制　(D)辅助

46. 木制品变形的原因是由于其含水率太高,因此木制品的含水率应当达到以下程度最好(　　)。

(A)木制品的含水率应略低于木材平均含水率

(B)木制品的含水率应略低于木材的纤维饱和点

(C)木制品的含水率应略高于木材的纤维饱和点

(D)木制品的含水率越低越好

47. 根据容重纤维板可分为三类,即硬质纤维板、半硬质纤维板和软质纤维板,硬质纤维板的容重为(　　)。

(A)大于0.4 g/cm^3　(B)介于0.4~0.8 g/cm^3

(C)大于0.8 g/cm^3　(D)大于1 g/cm^3

48. 木材产生变形翘曲的主要是由于(　　)。

(A)木材存放不当　(B)垫条厚薄不均

(C)弦切板内外收缩不一致　(D)木材阴阳面的收缩不一致

49. 木材的握钉力属于木材的(　　)。

(A)工艺力学性能　(B)物理性能　(C)材料力学性能　(D)木材属性

50. 组成胶合板的单板采用奇数层,其主要原因是(　　)。

(A)为了美观和装饰　(B)应力平衡,不变形

(C)工艺需要　(D)容易记忆

51. 采用煨制方法制弯曲木零件的主要目的是(　　)。

(A)节约木材　(B)工艺简单　(C)增加强度　(D)节省工时

52. 三角形木屋架的主要接合方式是(　　)。

(A)卯榫结合　(B)齿连接　(C)胶与螺栓　(D)金属结构连接

53. 三角形木屋架的起拱高度一般为屋架垮度的(　　)。

(A)1/100　(B)1/200　(C)1/300　(D)1/400

54. 低碳钢的含碳量一般应小于(　　)。

(A)0.25%　(B)0.025%　(C)2.5%　(D)2%

55. 中碳钢的含碳量应在(　　)之间。

(A)0.025%~0.06%　(B)0.25%~0.6%

(C)0.025%~0.6%　(D)2.5%~6%

56. 高碳钢的含碳量一般应大于(　　)。

(A)0.06%　(B)0.6%　(C)2.5%　(D)2%

57. Q235~(A)X是(　　)。

(A)中碳钢　(B)碳素结构钢　(C)工具钢　(D)优质碳素结构钢

58. 碳素工具钢的含碳量都在(　　)以上。

(A)0.5%　(B)0.60%　(C)0.70%　(D)0.80%

59. ZG200～400 是(　　)。

(A)合金钢　(B)结构钢　(C)渗碳钢　(D)铸造碳钢

60. 碳素工具钢经热处理后应具有(　　)。

(A)较高的硬度和耐磨性　(B)良好的塑性和韧性

(C)较好的切削加工性　(D)较高的抗拉强度

61. 下列钢材中,弹性最好的是(　　)。

(A)20 钢　(B)T10A　(C)60Mn　(D)08X

62. 碳素钢的质量是根据(　　)来划分的。

(A)含碳量　(B)性能　(C)有害杂质的含量　(D)用途

63. 对钢的性能有益的元素是(　　)。

(A)硅和锰　(B)硫和磷　(C)硅和硫　(D)锰和磷

64. 对钢的性能有害的元素是(　　)。

(A)硅和锰　(B)硫和磷　(C)硅和硫　(D)锰和磷

65. 将钢加热到适当的温度,保持一定时间后随炉冷却的热处理工艺叫(　　)。

(A)正火　(B)回火　(C)调质　(D)退火

66. 对力学性能要求不太高的普通结构零件作最终热处理常选择(　　)。

(A)退火　(B)正火　(C)回火　(D)淬火

67. 钢淬火后要获得(　　)组织。

(A)奥氏体　(B)珠光体　(C)索氏体　(D)马氏体

68. 淬火后进行(　　)的热处理工艺叫调质。

(A)回火　(B)高温回火　(C)渗碳　(D)保温

69. 铸铁是含碳量大于(　　)的铁碳合金。

(A)0.4%　(B)4%　(C)2.11%　(D)0.21%

70. QT400～18 是(　　)。

(A)灰铸铁　(B)可锻铸铁　(C)球墨铸铁　(D)麻口铸铁

71. Gcr～15 是(　　)钢。

(A)滚珠轴承　(B)合金工具　(C)特殊性能　(D)铬镍不锈钢

72. 40Cr 是(　　)。

(A) 铬镍不锈钢　(B)合金调质　(C)耐热　(D)耐磨

73. 钠基润滑脂适用于(　　)。

(A)工作温度在 115～145℃的各种机床设备轴承

(B)重型机械设备

(C)高负荷、高压力、低速度、粗糙机械设备

(D)滚动轴承

74. 木材的干缩率在不同方向是不同的,干缩率最大的是(　　)。

(A)顺木纹方向　(B)径向　(C)弦向　(D)横切向

75. 一般用于制材原木锯割的锯机代号是(　　)。

(A)MJ3210　(B)MJ348　(C)MJ225　(D)MJ3215

76. 带锯机锯卡夹持(　　)会使锯条发热。

(A)过紧　(B)过松　(C)正常　(D)稍松

77. MJ104 表示该设备是(　　)设备。

(A)木工圆锯　(B)木工带锯　(C)木工钻床　(D)木工平刨

78. 锯加工机具是用来纵向或横向锯割原木和方木的加工机械,以下(　　)属于锯加工机具。

(A)铣床　(B)压刨　(C)开榫机　(D)木工带锯机

79. 按锯轮直径的不同进行分类,通常将直径为(　　)以上的称为大型带锯机。

(A)915 mm　(B)1 500 mm　(C)1 370 mm　(D)1 070 mm

80. (　　)一般是指锯轮直径在 400～800 mm 之间的带锯机,用来加工小木料的直线、斜线或各种不规则的曲线。

(A)原木带锯机　(B)再剖带锯机　(C)木工圆锯机　(D)细木工带锯机

81. 以下(　　)不属于带锯机操作中造成锯出木料弯曲的原因。

(A)跑车横向摇摆　(B)进锯速度不均匀

(C)锯条刚性大、韧性小　(D)工作台不平、进料滚筒不圆

82. 带锯条是木工带锯机的锯切刀具,其锯齿应锋利,齿深不得超过锯条宽的(　　)。

(A)1/2　(B)1/4　(C)1/6　(D)1/8

83. 带锯机安装锯条时,锯卡子高低应调整合适,如过高则锯条容易(　　)。

(A)滑脱　(B)掉齿　(C)晃动　(D)裂口

84. 宽度 50 mm 的带锯机锯条的适张度空隙应不大于(　　)。

(A)0.12 mm　(B)0.2 mm　(C)0.3 mm　(D)0.4 mm

85. 木质件收缩变形的主要原因是(　　)。

(A)含水率偏高　(B)空气太干燥

(C)木质件本身的结构不合理　(D)木材太松软

86. 使用截锯机截料时,人要站在锯片侧面,手必须离锯片(　　)以上。

(A)20 mm　(B)30 mm　(C)40 mm　(D)50 mm

87. 带锯机锯条裂纹超过锯条宽度的(　　)不能使用。

(A)1/2　(B)1/4　(C)1/6　(D)1/8

88. 带锯机卡钩进出、升级滑轨面的润滑点数为(　　)点。

(A) 10　(B)20　(C)30　(D)40

89. 带锯机行车机构的润滑点数为(　　)点。

(A)1　(B)2　(C)3　(D)4

90. 跑车带锯机发生锯条断裂故障,可能的原因是(　　)。

(A)原木在跑车上没有卡紧,锯割时横向晃动大

(B)上锯轮倾斜度不适当

(C)上下锯轮轮轴中心线不平行

(D)锯机振动大,锯条发生窜动

91. 带锯机锯条在运行时前后窜动或掉下可能的原因是(　　)。

(A)进给速度太快　(B)上锯轮倾斜不适当

(C)入锯过猛或遇木节没有减速　(D)锯条张紧力太小或压铊重量太轻

92. 跑车带锯机常用锯条的型号是(　　)。

(A)18号　　(B)19号　　(C)20号　　(D)21号

93. 平台锯机常用锯条的型号是(　　)。

(A)18号　　(B)19号　　(C)20号　　(D)22号

94. 细木工带锯机常用锯条的型号是(　　)。

(A)18号　　(B)19号　　(C)20号　　(D)21号

95. MJ3215A的锯轮直径为(　　)。

(A)1 500 mm　　(B)1 250 mm　　(C)1 118 mm　　(D)1 070 mm

96. 平台带锯机的进料方式有(　　)。

(A)一种　　(B)二种　　(C)三种　　(D)四种

97. 带锯机上锯卡的高度应根据(　　)来调整。

(A)原木径级和形状　　(B)原木长度

(C)锯卡装置最低部位　　(D)锯卡装置最高部位

98. 平台带锯机上下手要配合好，上手推料锯要稳，木料锯出(　　)以上时下手才能接拉。

(A)100 mm　　(B)200 mm　　(C)300 mm　　(D)400 mm

99. 锯条断裂产生故障的原因属于锯机方面的是(　　)。

(A)上锯轮倾斜度不适当

(B)锯机振动大，锯条发生窜动

(C)锯条张紧太小或压铊重量太轻

(D)上下锯轮轴中心线不平行，锯条运转时发生扭曲

100. 带锯条一般使用(　　)h后，就必须卸下来进行修整。

(A)1～2　　(B)2～3　　(C)3～4　　(D)4～5

101. 一般用于成材加工板材纵解的锯机代号是(　　)。

(A)MJ3210　　(B)MJ348　　(C)MJ225　　(D)MJ3215

102. 木材切削与金属切削比较，其切削速度(　　)金属的切削速度。

(A)远大于　　(B)略小于　　(C)远小于　　(D)等于

103. (　　)切削，切削阻力小，可得到较高的粗糙度和平直度。

(A)逆纹　　(B)端面　　(C)横纹　　(D)顺纹

104. 加工湿材时，在进给速度不变情况下，应选用(　　)的切削速度。

(A)较小　　(B)适中　　(C)较大　　(D)最大

105. 进给速度不变，切削速度(　　)工件的表面粗糙度越高。

(A)越低　　(B)越高　　(C)适中　　(D)低

106. 当切削速度不变时，进给速度越高，工件的表面粗糙度(　　)。

(A)越高　　(B)越低　　(C)无影响　　(D)高

107. 一般情况下，木工刀具的楔角不应小于(　　)。

(A)45°　　(B)30°　　(C)20°　　(D)15°

108. 一般情况下，木工刀具的后角以(　　)为宜。

(A)5°～10°　　(B)10°～15°　　(C)15°～20°　　(D)20°～25°

109. 在实际工作中木工刀具最小切削角应为(　　)。

(A)25°～30°　(B)30°～35°　(C)35°～40°　(D)40°～45°

110. 木工刨床的汉语拼音字母用缩写为(　　)。

(A)MJ　(B)MB　(C)MC　(D)MX

111. 在平刨加工木材时,长度小于(　　)的工件不许加工。

(A)250 mm　(B)400 mm　(C)450 mm　(D)500 mm

112. 在平刨加工木材时,厚度小于(　　)的工件不许加工。

(A)15 mm　(B)25 mm　(C)30 mm　(D)35 mm

113. 配料时木材留有加工余量,一般刨削单面加工时留(　　)。

(A)5 mm　(B)3 mm　(C)8 mm　(D)10 mm

114. 配料时木材留有加工余量,一般刨削双面加工时留(　　)。

(A)5 mm　(B)6 mm　(C)8 mm　(D)10 mm

115. 配料时长度加工余量一般留(　　)。

(A)30～50 mm　(B)40～60 mm　(C)50～70 mm　(D)60～80 mm

116. 平刨机前后工作台之差即为刨削厚度,前台面应低于后台面(　　)。

(A)1～2.5 mm　(B)2～3.5 mm　(C)3～4.5 mm　(D)4～5.5 mm

117. 木工车床的类别代号是(　　)。

(A)MR　(B)MB　(C)MC　(D)MX

118. MZ515 木工钻床最大钻孔直径是(　　)。

(A)5 mm　(B)50 mm　(C)8 mm　(D)10 mm

119. 配料是细木加工前的(　　)工序。

(A)第一道　(B)第二道　(C)第三道　(D)第四道

120. 原木阴面因(　　)材质较坚硬。

(A)受阳光照射较少　(B)受阳光照射较充分

(C)生长速度较快　(D)年轮较疏

121. 门框立柱的加工余量按图纸规格放长(　　)。

(A)50 mm　(B)60 mm　(C)70 mm　(D)80 mm

122. 门窗扇柱的加工余量按图纸规格放长(　　)。

(A)30 mm　(B)40 mm　(C)50 mm　(D)60 mm

123. 家具腿按图纸规格放长(　　)。

(A)10 mm　(B)20 mm　(C)30 mm　(D)40 mm

124. 家具门柱按图纸规格放长(　　)。

(A)10 mm　(B)20 mm　(C)30 mm　(D)40 mm

125. 家具面子板、隔板、顶板、抽屉板等按图纸规格放长(　　)。

(A)5 mm　(B)10 mm　(C)20 mm　(D)30 mm

126. 车辆立柱、梁、支撑、地板等按图纸规格放长(　　)。

(A)40 mm　(B)50 mm　(C)60 mm　(D)70 mm

127. 细木工带锯机 MJ344 的锯轮直径为(　　)。

(A)400 mm　(B)610 mm　(C)600 mm　(D)800 mm

128. MB502 平刨机最大刨削宽度为(　　)。

(A)200 mm　(B)500 mm　(C)502 mm　(D)205 mm

129. 平刨机能刨削工件的最大宽度决定于(　　)的有效长度。

(A)工件　(B)工作台面　(C)刨刀刃　(D)刀轴

130. MB106 单面压刨机的最大刨削宽度为(　　)。

(A)300 mm　(B)600 mm　(C)601 mm　(D)100 mm

131. 压刨机加工件表面粗糙不平及起毛,主要原因是(　　)。

(A)刨刀不锋利　(B)刨刀有缺口

(C)刀片两端伸出量不同　(D)下滚筒与工作台面不平行

132. 木工四面刨床 MB402 刨削宽度为(　　)。

(A)25～200 mm　(B)50～200 mm　(C)80～200 mm　(D)100～200 mm

133. 木工四面刨床的上下刨刀一般在机床上装对,下刨刀应比后工作台面高(　　)。

(A)0.1～0.4 mm　(B)0.2～0.5 mm

(C)0.3～0.6 mm　(D)0.4～0.7 mm

134. 木工四面刨进给机构进行调试时,下滚筒只能进行小量调整,一般可高出工作台面(　　)。

(A)0.2～0.5 mm　(B)0.3～0.6 mm

(C)0.4～0.7 mm　(D)0.5～0.8 mm

135. 木工四面刨进给速度的快慢是由(　　)决定的。

(A)木材切削的难易程度　(B)木工四面刨床的性能

(C)电动机功率的大小　(D)四面刨刀的性能

136. 一般四面刨床需要(　　)人操作。

(A)1　(B)2　(C)3　(D)4

137. 经木工四面刨加工后的工件,出现加工表面呈各种不同长度的波浪形缺陷,其原因是(　　)。

(A)刀刃过钝　(B)加工余量或刀片伸出量过大

(C)木料过于潮湿　(D)轴承松动或损坏

138. 经木工四面刨加工的产品,出现板面或边缘崩裂,板面粗糙起毛或边缘撕劈,可能的原因是(　　)。

(A)刀头或刀片重量不平衡　(B)轴承松动或损坏

(C)刀轴弯曲　(D)刀刃过钝

139. 经木工四面刨加工的产品,工件表面出现凸痕,其原因是(　　)。

(A)刀刃有缺口　(B)立刀的位置没有调整好

(C)刀具断面形状歪斜　(D)左右刀具号码不配对

140. 经木工四面刨加工后,加工件表面发黑,其原因是(　　)。

(A)工作台面不水平

(B)加工余量太大,进料时中途停止

(C)工作台安装不正或磨损,上下工作台不平行

(D)左右直立刀与工作台面不垂直

141. MX2120 型单头直榫开榫机最大加工宽度为(　　)。
(A)200 mm　(B)300 mm　(C)400 mm　(D)500 mm
142. MX2120 型单头直榫开榫机最大加工长度为(　　)。
(A)200 mm　(B)300 mm　(C)400 mm　(D)500 mm
143. MX2120 型单头直榫开榫机两个水平刀头加工是开榫的(　　)工序。
(A)第一道　(B)第二道　(C)第三道　(D)第四道
144. MX2120 型单头直榫开榫机平刀主要是(　　)切削木材。
(A)横向　(B)纵向　(C)逆向　(D)顺向
145. MX2120 型单头直榫开榫机两个垂直刀头是开榫的(　　)工序。
(A)第一道　(B)第二道　(C)第三道　(D)第四道
146. 圆盘式刀头是开榫的(　　)工序。
(A)第一道　(B)第二道　(C)第三道　(D)第四道
147. 为了减少木制品的变形,其构件的含水率最好为(　　)。
(A)略低于当时当地木材平衡含水率　(B)接近木材的纤维饱和点
(C)含水率越低越好　(D)≤18%
148. 货车中保温车的代号是(　　)。
(A)B　(B)P　(C)N　(D)G
149. 木工钻床按外形来分有(　　)。
(A)两种　(B)三种　(C)四种　(D)五种
150. 木工钻床按操作方法来分有(　　)。
(A)两种　(B)三种　(C)四种　(D)五种
151. 木工钻床按钻头的多少和形状分(　　)。
(A)两种　(B)三种　(C)四种　(D)多种
152. 邮政车的代号是(　　)。
(A)CA　(B)UZ　(C)YZ　(D)KD
153. 看图则是根据现有(　　)想象出零件实际形状。
(A)形态　(B)视图　(C)尺寸线　(D)技术要求
154. 装饰木工现场作业中应用最广泛,用来横截和纵截木材的机械是(　　)。
(A)转台式斜截锯　(B)曲线锯　(C)电圆锯　(D)钻孔
155. 刨削木材平面,使木材平直应用(　　)。
(A)线刨　(B)平刨　(C)边刨　(D)轴刨
156. 带锯条锉磨时一次锉磨量不得(　　)以免烧坏锯齿和锯齿卷刃。
(A)过小　(B)过大　(C)过浅　(D)过深
157. 机床安全照明电压为(　　)。
(A)12 V　(B)36 V　(C)48 V　(D)110 V
158. 带锯机锯出的木料弯曲主要原因是(　　)。
(A)锯路小或偏向　(B)材质硬　(C)转速低　(D)转速高
159. 横截锯的锯齿以(　　)为好。
(A)三角齿　(B)直背齿　(C)平槽齿　(D)凸背齿

160. 砂轮片安装时应检查有无(　　)。

(A)不同心　(B)裂纹　(C)粒度　(D)导向托架

161. 纵剖圆锯的后角,斜三角齿为(　　)。

(A)10°～30°　(B)30°～35°　(C)45°～60°　(D)60°～70°

162. 横截圆锯的后正三角齿为(　　)。

(A)10°～30°　(B)30°～35°　(C)45°～60°　(D)60°～70°

163. 圆锯片锯齿拨料的折弯点应在齿高的(　　)。

(A)1/3 以下　(B)1/2 以下　(C)1/2 以上　(D)1/3 以上

164. 用 90°角尺测量两平面的垂直度时,只能测出(　　)的垂直度。

(A)线对线　(B)面对面　(C)线对面　(D)都可以

165. MR417 是(　　)。

(A)锯条辊压机　(B)磨锯机　(C)圆锯机　(D)磨刃机

166. 板缝拼接中企口接法又称(　　)。

(A)边搭接法　(B)裁钉接法　(C)销接法　(D)龙凤接法

167. 纵截木料时,锯条与木料成(　　)角。

(A)60°　(B)45°　(C)80°　(D)90°

168. 纵截木料时,锯条与木料锯割成(　　)角。

(A)10°～20°　(B)30°～40°　(C)60°～70°　(D)90°

169. 手工木工刨削木材平面,使木材平直应用(　　)。

(A)线刨　(B)平刨　(C)边刨　(D)轴刨

170. 装饰木工现场作业中应用最广泛,用来横截和纵截木材的机械是(　　)。

(A)转台式斜截锯　(B)曲线锯　(C)电圆锯　(D)钻孔

171. (　　)的画法简便,显示性好,是绘制工程图的主要方法。

(A)正投影图　(B)轴侧图　(C)透视图　(D)平面图

172. 建筑装饰图中常出现(　　)和家具制图等多种画法并存的现象。

(A)节点构造图　(B)平面系统图　(C)建筑制图　(D)电力图

173. (　　)是房屋维修的重要参考材料。

(A)施工图　(B)初步设计阶段　(C)竣工图　(D)标准图

174. 装饰平面图分为楼、地面装饰平面图和(　　)。

(A)屋面平面图　(B)顶面装饰平面图

(C)设备层平面图　(D)底层平面图

三、多项选择题

1. 机械制图中三视图的名称是:(　　)。

(A)右视图　(B)主视图　(C)俯视图　(D)左视图

2. 一个完整的尺寸,包括(　　)三个基本要素。

(A)尺寸线　(B)尺寸界线　(C)尺寸数字　(D)尺寸方向

3. 投影分为(　　)两类。

(A)中心投影　(B)平行投影　(C)斜投影　(D)正投影

4. 三视图的三等关系是(　　)。

(A)高相等　(B)宽相等　(C)长对正　(D)高平齐

5. 木材的常有天然疵病有(　　)。

(A)腐朽　(B)木节　(C)导热系数小　(D)斜纹

6. 木材按树种分类有(　　)。

(A)针叶树　(B)阔叶树　(C)松木　(D)硬木

7. 属于阔叶树的木材有(　　)。

(A)柞木　(B)水曲柳　(C)榆木　(D)榉木

8. 树木由(　　)三部分组成。

(A)树根　(B)树干　(C)树冠　(D)树心

9. 按节子的质地及其与周围木材相结合的程度,主要分为(　　)三种。

(A)根节　(B)活节　(C)死节　(D)漏节

10. 实现木材切削的三个基本要素是(　　)。

(A)切削运动　(B)方法　(C)刀具　(D)工件

11. 木材人工处理,可采用(　　)等方法。

(A)天然干燥法　(B)水煮法　(C)烟熏干燥法　(D)蒸气干燥法

12. 胶接木材用的胶料分为(　　)两大类。

(A)皮胶　(B)蛋白质胶　(C)骨胶　(D)合成树脂胶

13. 木折尺可分为(　　)等几种。

(A)3 折　(B)4 折　(C)5 折　(D)6 折

14. 木工用锯按其构造不同可分为(　　)等。

(A)刀锯　(B)侧锯　(C)板锯　(D)框锯

15. 木材的受力按受力性质可分为(　　)。

(A)拉　(B)压　(C)弯　(D)剪

16. 切削层尺寸参数主要有(　　)。

(A)切削厚度　(B)切削宽度　(C)切削面积　(D)切削长度

17. 木材按木质的软、硬程度不同分为两类(　　)。

(A)阔叶类　(B)软木类　(C)硬木类　(D)针叶类

18. 根据切削刃相对木材纤维方向不同,木材切削可分为(　　)。

(A)纵向切削　(B)横向切削　(C)端向切削　(D)过渡切削

19. 游标卡尺可以做零部件的(　　)。

(A)外部测量　(B)内部测量　(C)质量测量　(D)深度测量

20. 木材的强度包括木材的(　　)。

(A)抗拉强度　(B)抗压强度　(C)抗剪强度　(D)抗弯强度

21. 木材受拉力作用,因作用力(拉力)的方向与木材纤维方向不同,又分为(　　)。

(A)纵纹抗拉强度　(B)顺纹抗拉强度

(C)截面抗拉强度　(D)横纹抗拉强度

22. 木制品连接用榫槽常用的有(　　)。

(A)长方形榫槽　(B)梯形榫槽　(C)长半圆形榫槽　(D)圆棒榫眼

23. 由于木材的树种很多,通常按树种的形状不同来区别,分为(　　)两大类。

(A)灌木类　(B)乔木类　(C)针叶树　(D)阔叶树

24. 木材的三个切面是(　　)。

(A)横切面　(B)纵切面　(C)径切面　(D)弦切面

25. 木材中主要有三种形式的水,即(　　)。

(A)化合水　(B)自由水　(C)吸附水　(D)结合水

26. 木材的强度主要是指其(　　)强度。由于木材的构造各向不同,使其各向强度有很大差异。

(A)抗拉　(B)抗压　(C)抗弯　(D)抗剪

27. 以下属于木工常用的粘接剂有(　　)。

(A)鳔胶　(B)502胶　(C)乳胶　(D)酚醛树脂胶

28. 房屋建筑施工图根据专业不同,可分为(　　)。

(A)建筑施工图　(B)结构施工图

(C)装饰施工图　(D)设备施工图

29. 以下机具属于刨加工机具的有(　　)。

(A)铣床　(B)四面刨床　(C)平刨床　(D)压刨床

30. 木工钻床按照钻轴的位置分为(　　)。

(A)立式钻床　(B)卧式钻床　(C)组合钻床　(D)多轴钻床

31. 木工车床类型较多,基本可以归纳为(　　)。

(A)普通木工车床　(B)端面木工车床

(C)仿型木工车床　(D)专用木工车床

32. 木工机床主要由切削机构、(　　)等部件组成。

(A)进给机构　(B)工件的放置装置

(C)卡紧或压紧装置　(D)机架

33. 木工机床按照运动功能分类,主要分为:(　　)。

(A)进给运动　(B)工作运动　(C)辅助运动　(D)退刀运动

34. 机械加工中,磨削主要分为:盘式磨削、(　　)。

(A)带式磨削　(B)辊式磨削　(C)刷式磨削　(D)轮式磨削

35. 楼梯按外观形式可分为(　　)等。

(A)钢梯　(B)直梯　(C)旋梯　(D)升降梯

36. 安装栏杆前,要检查其(　　)是否一致,否则会给后期的扶手安装带来困难。

(A)杆长　(B)扶手与栏杆的接口

(C)榫长　(D)榫长与榫肩的斜度

37. 机械设备的保养形式分为(　　)。

(A)特殊保养　(B)定期保养　(C)二级保养　(D)换季保养

38. 定期保养分为(　　)。

(A)一级保养　(B)日常保养　(C)二级保养　(D)换季保养

39. 板式部件的侧边处理方法包括(　　)。

(A)封边法　(B)镶边法　(C)包边法　(D)涂饰法

40. 常见的铣刀主要有三种类型,即:(　　)。

(A)整体铣刀　(B)装配铣刀　(C)组合铣刀　(D)专用铣刀

41. 三辊式磨光机磨削工件可分为三个阶段,即(　　)。

(A)粗磨阶段　(B)研磨阶段　(C)细磨阶段　(D)精磨阶段

42. 带锯机按工艺用途可分为(　　)。

(A)原木带锯机　(B)再剖带锯机　(C)细木工带锯机　(D)木方带锯机

43. 木工机床按加工工艺分为:(　　)。

(A)粗加工机床　(B)细加工机床　(C)原木加工机床　(D)精加工机床

44. 根据不同的工艺用途刨床可分为(　　)。

(A)平刨　(B)压刨　(C)四面刨　(D)精光刨

45. 锯齿的功能主要决定于其(　　)。

(A)料路　(B)料度　(C)弯度　(D)斜度

46. 螺旋钻按其形状分为(　　)。

(A)螺旋钻　(B)蜗旋钻　(C)螺旋起塞钻　(D)空心柱形钻

47. 木工钻床按照控制方式分为(　　)。

(A)手动　(B)半自动　(C)自动　(D)数控

48. 弹簧铰链又称弹簧合页、自由合页有(　　)两种。

(A)单管式　(B)双管式　(C)多管式　(D)无管式

49. 料路又名锯路,料路一般有(　　)两种。

(A)一料路　(B)三料路　(C)二料路　(D)四料路

50. 木锉用来锉削或修正木制品的孔眼或不规则的表面等,按锉齿的粗细可分为粗锉和细锉,按其形状不同分为(　　)。

(A)方锉　(B)平锉　(C)扁锉　(D)圆锉

51. 锯割机械按照加工对象和适应范围,常用的有(　　)。

(A)轮锯　(B)圆锯　(C)截锯　(D)带锯

52. 铣刀按照铣刀的外形主要分为(　　)。

(A)圆柱铣刀　(B)圆锥铣刀　(C)圆盘铣刀　(D)柄铣刀

53. 曲线形毛料的加工技术标准是(　　)。

(A)通常从平面基准面加工开始

(B)对于弯曲面工件的加工,应根据弯曲工件形状设计曲面导板

(C)曲面可以在铣床上完成

(D)端面的基准面一般用横截锯加工

54. 立式铣床是由(　　)等组成。

(A)机座　(B)台面　(C)导板　(D)推车

55. 木材缺陷节子按节子的断面形状,可分为(　　)等。

(A)圆形节　(B)活节　(C)条状节　(D)掌状节

56. 木材中的水分按其存在的形式和部位不同,可分为(　　)。

(A)蒸发水　(B)自由水　(C)吸着水　(D)化合水

57. 圆锯机操作前,应检查锯片是否有(　　)现象存在。

(A)倾斜 (B)断齿 (C)松动 (D)裂口

58. 木材防腐处理方法有(　　)。

(A)涂刷法 (B)常温浸渍 (C)热冷槽浸渍 (D)加压浸注

59. 刨花板是利用(　　)而成。

(A)碎木 (B)刨花 (C)胶料 (D)截头

60. 木材干燥后,发生变形的种类主要有(　　)。

(A)翘弯 (B)扭曲 (C)顺弯 (D)横弯

61. 机床设备选用润滑剂主要考虑的因素运动负荷、运动速度(　　)两种方法。

(A)工作温度 (B)工作环境 (C)摩擦面精度 (D)摩擦面位置

62. 铣刀按照加工的用途分为(　　)。

(A)柄铣刀 (B)平面铣刀 (C)开槽铣刀 (D)成型铣刀

63. 手工刨依其用途及构造不同,可分为(　　)等。

(A)平刨 (B)线刨 (C)边刨 (D)竹刨

64. 手工木工用锯按其构造不同可分为(　　)等。

(A)框锯 (B)刀锯 (C)板锯 (D)钢丝锯

65. 木材花纹是由(　　)组成的。

(A)年轮 (B)纹理 (C)水分 (D)材色

66. 常见的木材缺陷有(　　)等。

(A)节子 (B)腐朽 (C)虫害 (D)裂纹

67. 屋架中的(　　)等均为木材顺纹受压。

(A)压杆 (B)木桩 (C)立柱 (D)坑木

68. 木材的抗剪强度有(　　)三种形式。

(A)竖纹剪切 (B)顺纹剪切 (C)横纹剪切 (D)剪断

69. 木材应按(　　)加以区别分类堆垛。

(A)树种 (B)规格 (C)粗细 (D)干湿情况

70. 以下属于木工车床常用的刀具有(　　)。

(A)圆刀 (B)方刀 (C)平刀 (D)分割刀

71. 封边机按照操作方式分为(　　)。

(A)手动 (B)电动 (C)机械 (D)自动

72. 弓摇钻又叫摇臂钻,由(　　)组成。

(A)顶木 (B)摇把 (C)钻头 (D)夹头筒

73. 使用木工镂铣机可完成的加工有(　　)。

(A)铣平面 (B)曲线表面 (C)钻孔 (D)扩孔

74. 钻孔完成后孔壁粗糙的原因(　　)。

(A)钻头不锋利 (B)进给量太大

(C)切削液选用不当或供应不足 (D)钻头过短、排屑槽堵塞

75. 木材堆积场地要求(　　)。

(A)干燥 (B)平整 (C)通风 (D)向阳

76. 在木材加工中采用(　　)两道工序同时进行的方法。
(A)锯　(B)刨　(C)削　(D)磨
77. 在细木加工中采取(　　)方法,可以使劣材再用、小材大用。
(A)拼　(B)接　(C)贴　(D)补
78. 木材按腐朽在树杆分布的部位不同分为(　　)。
(A)外部腐朽　(B)局部腐朽　(C)根节腐朽　(D)内部腐朽
79. 胶结木材用的蛋白质胶又分为(　　)。
(A)皮胶　(B)骨　(C)乳胶　(D)酪素胶
80. 在木工操作中,砍削工具有斧和锛,斧有(　　)。
(A)平头斧　(B)单刃斧　(C)圆头斧　(D)双刃斧
81. 锤又名榔头,可分为(　　)。
(A)羊角锤　(B)尖头锤　(C)平头锤　(D)圆头锤
82. 带锯机的锯心有(　　)两种。
(A)木制　(B)竹制　(C)固定　(D)活动
83. 锯条的磨修包括(　　)。
(A)水平整修　(B)押料　(C)磨齿　(D)开齿
84. 平台带锯机机械进料方式有(　　)。
(A)滚筒式　(B)人工进料　(C)电动小车进料　(D)刺滚式
85. 锯割的圆木要仔细检查有无(　　)等杂物。
(A)砂石　(B)铁丝　(C)钉子　(D)绳子
86. 木工铣床按照主轴布局可分为(　　)。
(A)上轴铣床　(B)下轴铣床　(C)立式铣床　(D)卧式铣床
87. 四面刨按照切削加工功率可以分为(　　)。
(A)微型　(B)轻型　(C)中型　(D)重型
88.(　　)在使用前要调整好刨刃刃口的露出量。
(A)刨槽　(B)线刨　(C)边刨　(D)压刨
89. 常见的开榫机主要有:(　　)。
(A)框榫开榫机　(B)箱榫开榫机
(C)自动圆弧榫开榫机　(D)椭圆榫开榫机
90. 木材磨削中盘式磨削可分为(　　)。
(A)立式磨削　(B)滚式磨削　(C)卧式磨削　(D)可移动式磨削
91. 机械加工过程中,工件的三个表面分为(　　)。
(A)初加工表面　(B)待加工表面　(C)加工表面　(D)已加工表面
92. 常见的刀具材料有碳素工具钢(　　)等。
(A)合金工具钢　(B)高速钢　(C)硬质合金　(D)陶瓷刀具
93. 带锯工作时,锯身上承受的主要应力有(　　)和离心应力。
(A)张紧应力　(B)弯曲应力　(C)锯轮前倾应力　(D)热应力

94. 圆锯片工作时,锯片内的应力主要有:( )。

(A)适张应力 (B)回转应力 (C)热应力 (D)弯曲应力

95. 带锯机按结构分类,主要分为:( )。

(A)立式 (B)站式 (C)直线式 (D)卧式

四、判断题

1. 木材按木质的软、硬程度不同分为软木类和硬木类。( )
2. 一般针叶树(落叶松除外)的木质较硬。( )
3. 一般阔叶树的木质较软。( )
4. 红松又叫果松,材质轻软,纹理直却不易干燥。( )
5. 柞木又叫橡木,材质坚韧而硬,纹理直,结构致密,耐磨,不易锯制。( )
6. 木材除具有其他优点外,还有容易燃烧和在不同纤维方向的特征各有不同特点。( )
7. 木材在强度方面的一个突出优点,是它的比重大。( )
8. 有缺陷的木材就要甩掉,无需合理利用。( )
9. 1 kg 钢和 1 kg 铝的体积是相同的。( )
10. 原木径级按 2 cm 进位,长度按 2 m 进位。( )
11. 读零件图的一般步骤中,应该首先了解零件图中标题栏部分的内容。( )
12. 成材堆放场地应留有适当的安全通道。( )
13. 胶合板的层数为双数。( )
14. 通常原木的含水率均在 70%以上。( )
15. 各地区的木制品平均含水率都是一样的。( )
16. 木材干燥方法可分为天然干燥法和人工干燥法两大类。( )
17. 木材干燥速度是可以任意提高的。( )
18. 干材比湿材具有较高的机械强度和良好的隔热与绝缘性能。( )
19. 湿材加工时,加工表面粗糙,起毛。( )
20. 手风琴的最终含水率应为 7%~8%。( )
21. 包装箱的最终含水率应为 18%。( )
22. 木材含水率的测定通常采用秤量法和用木材含水率测定仪测出。( )
23. 编制木材干燥基准主要从木材的最终含水率要求考虑。( )
24. 木材干燥后,很容易发生变形。( )
25. 木材干燥质量的好坏与垫木尺寸和距离无关。( )
26. 在木结构采用榫接合中,明榫的接合比暗榫牢固,但美观性较差。( )
27. 在机械制图中,把物体从前向后投影,在正面上得到的视图,叫主视图。( )
28. 只有一个主视图是不能表示出零件的形状的。( )
29. 剖视图又简称为剖视,常用的剖视方法仅有五种。( )
30. 剖视图一般应标注剖切位置、投影方向、名称。( )
31. 剖视图与剖面图在表达方法上相同。( )
32. 在阶梯剖视中,不应画出剖切平面转折处的投影。( )

33. 移出剖面的轮廓线可用粗实线,也可用细实线。( )
34. 物体的真实大小就是图形的大小。( )
35. 比例是 1∶2 为放大比例,比实物放大 1 倍。( )
36. 因为公差等于上下偏差之代数差的绝对值,所以若上下偏差相等时,公差就为零。( )
37. 在同一基本尺寸下,公差等级越高,标准公差越小。( )
38. 极限尺寸应大于基本尺寸。( )
39. 基本偏差为正值时,公差带在零线上方。( )
40. 基准是测量位置公差的依据。( )
41. 一般来说尺寸精度越高,粗糙度越小;粗糙度越小,尺寸精度也一定高。( )
42. 所谓粗糙度小,就是指粗糙度的高度参数值小。( )
43. ∽符号表示不进行机械加工。( )
44. 链传动是齿合传动。( )
45. 在机床制造中,齿轮传动是一种最普通应用的传动。( )
46. 皮带传动是木工机械唯一的传动方式。( )
47. 检修或检验设备时,应先切断电源。( )
48. 曲线电锯主要用于对木板、金属、塑料、橡胶等材料进行直线和曲线切割。( )
49. 用电源、导线和用电器连接起来组成的电流通路叫电路。( )
50. 电流的大小无法测量。( )
51. 并联电路中,总电阻等于各分电阻之和。( )
52. 交流电是按正弦规律变化的,故又称为正弦交流电。( )
53. 交流电的大小永远不变。( )
54. 划线是一件可有可无的准备工作。( )
55. 手工锯条的长度是以两端安装孔的中心距来表示的。( )
56. 常用手工锯条长度是 500 mm。( )
57. 导热性好的金属散热性也好。( )
58. 所有的金属材料都具有导电性。( )
59. 所有的金属材料都具有磁性。( )
60. 金属抵抗变形的能力称为强度。( )
61. 拉伸试验可以测定出金属材料的强度和塑性。( )
62. 只有金属材料才具有硬度。( )
63. ZL 表示铸铝。( )
64. HT10～26 表示球墨铸铁。( )
65. ZH62 表示铸造锡青铜。( )
66. 弹性变形对材料性能和组织没有影响。( )
67. 塑性边形是永久变形。( )
68. 组成合金的最基本的独立物体称为相。( )
69. 钢是合金,铁不是合金。( )
70. 奥氏体具有良好的塑性。( )
71. 渗碳体的塑性很差。( )

72. 金属材料的机械性能就是指其强度大小。( )

73. 金属的常用硬度分布氏硬度和洛氏硬度两种。( )

74. 把钢加热到预定的温度,并在这个温度保持预定的时间,然后以预定的速度冷却,这种综合工艺叫热处理。( )

75. 淬火和回火都可以得到合金的稳定组织。( )

76. 钢的退火及正火是热处理的重要工序。( )

77. 拆卸机械时,必须使用适用或专用工具。( )

78. 拆卸机械时,可以直接锤击零件表面。( )

79. 拆卸机械时,可以无秩序乱放。( )

80. 划线是机械加工的第一道工序。( )

81. 划线广泛应用于单件或小批量生产。( )

82. 划线是确定加工尺寸的根本依据。( )

83. 合理选择划线基准是做好划线工作的关键之一。( )

84. 划线的线条要清晰,所以应反复多划几次。( )

85. 运动负荷工作温度较高的木工机械润滑应选择黏度小的液态润滑机械油。( )

86. 具有润滑性能的物质叫做润滑剂。( )

87. 固态润滑油的特点是粘度大。( )

88. 带锯轮安装前,必须进行静平衡和动平衡校正。( )

89. 安装带锯条时,张紧轮全部由电动升降机构完成。( )

90. 游标卡尺由主尺和附在主尺上能滑动的游标两部分构成。( )

91. 挂带锯条时要注意锯齿不能与锯轮碰触,在上下锯轮上的伸出量也要基本相同。( )

92. 使用电动升降机构张紧锯条时可一次张紧。( )

93. 木工机械常用的刃、刀具多采用碳素工具钢、合金工具钢、高速钢。( )

94. 刀具质量的好坏不能影响木材机械加工质量。( )

95. 木工机床刀具分锯制类刀具和刨削类两种刀具。( )

96. 木工机床刀具要求刀刃具有较高的硬度和耐磨性,又有较高的强度和一定的韧性,为此必须对刀具进行淬火—回火处理。( )

97. 刃磨圆锯片、铣刀、细木工带锯条、钻头等刀具一般都采用普通砂轮。( )

98. 使用油石研磨刀具时,用水做润滑剂。( )

99. 锯齿前角大小,切削角(后角与齿顶角之和)太大,锯制不锋利。应重新刃磨,调整前角。( )

100. 客车中,行李车的代号是 CL。( )

101. 在制材加工时,薄板比厚板的锯材率高。( )

102. 带锯机开车后锯条未达到最高速时,不要送过工件,以免突然增加电机负荷。( )

103. 安装刀具时,应切断木工机床的电源。( )

104. 平台带锯机的锯壁子每换一个锯条都应进行一次调对。( )

105. 装刨刀拧紧螺栓,要从两端向中间拧紧。( )

106. 安装在同一刀轴上的所有刀片的尺寸规格应相同,同时还要求每块刀片本身宽度和

厚度也要一致。(　　)

107. 平刨机两个工作台面之差,即为刨削的厚度。(　　)

108. 短、薄工件应用“推板”在平刨上加工。(　　)

109. 逆纹切削可获得较光滑的加工表面。(　　)

110. 金属切削速度远小于木材切削速度。(　　)

111. 剪切、冲孔等属于有切削的切削。(　　)

112. 刀具刃口平行纤维方向,而刀具的运动方向垂直于纤维方向的切削,称为纵向切削。(　　)

113. 顺纹切削与逆纹切削,对于切削加工的表面粗糙度、平直、波浪等缺陷都有直接影响。(　　)

114. 为了提高切削质量,无论何种材质的材料,一般都要逆纹切削。(　　)

115. 在机械加工木制件中,在进给速度不变,加工湿材时,切削速度应选用大些。(　　)

116. 刀具的切削角大小不影响切削阻力。(　　)

117. 切削后角的大小在一般情况下以40～45℃为宜。(　　)

118. 使用大方凿打孔或木栅较硬时,应由慢到快。(　　)

119. 木工铣床不可以用来加工各种曲线形和直线形木制配件。(　　)

120. 一般情况下,铣床需要两人操作。(　　)

121. 木工场地在严寒的冬季可以用火炉取暖。(　　)

122. 要保持木工机械的清洁,每班工作后,应进行清扫,将锯屑刨花碎片等打扫干净。(　　)

123. 木工机械的清扫,必需是在断电停机、刀、锯、钻完全不转的前题下,方可进行清扫。(　　)

124. 铁道车辆与其他车辆的最大不同点在于这种车辆的轮子必须在专门为它铺设的钢轨上运行。(　　)

125. 起吊物件尚在地面,可以行车。(　　)

126. 木材堆垛的底部宽度不得小于2 m,每升高0.5～0.7 m后,应放置横垫木,堆垛高度不得超过2.8 m。(　　)

127. 锯条纵向裂纹长度不得大于30 mm。(　　)

128. 锯片转动时,不准用手直接去拿已被锯片夹住的碎木条。(　　)

129. 200 mm平刨机允许刨削木料最薄不能小于20 mm。(　　)

130. 刨料时,手不能在刀轴上通过,应绕跨式前进。(　　)

131. 当遇有呛茬、节疤、纹理不顺、坚硬木料时,要适当减慢进料速度。(　　)

132. 木工车床加工超过100 mm长的木料时,必须用尾座顶尖顶着木料进行车削。(　　)

133. 木钻床加工时,切削量和进给速度是一定的。(　　)

134. 常用的游标量具只有游标卡尺一种。(　　)

135. 游标卡尺可以做外部尺寸测量、内部尺寸测量及深度测量。(　　)

136. 卡尺使用完不用擦拭、涂油脂。(　　)

137. 千分尺主要用来测量工件的长、宽、厚及外径。(　　)

138. 钢卷尺不需要定期检测。(　　)

139. 所谓质量包括产品质量和工作质量两部分。(　　)

140. 产品质量的高低是由机床的好坏来决定的。(　　)

141. 全面质量管理不需要有系统的知识。(　　)

142. 全面质量管理要求企业每一个人都要参加。(　　)

143. 人、机、料、法、环是分析影响产品质量的主要因素。(　　)

144. 美化环境，文明生产与搞好质量管理无关。(　　)

145. 木工常用的连接方法有榫接合、胶粘接、钉接合、螺钉接合及其他金属连结件接合。(　　)

146. 同一基本尺寸，公差值越大，公差等级越高。(　　)

147. 配件的对中性高，又需要经常拆卸的静止结合部位，应该采用间隙配合。(　　)

148. 麻花钻主切削刃上各点的前角大小相等切削条件好。(　　)

149. 车顶图纸全部都是俯视图，所以在看车顶的相关图纸时，不需要特别注意。(　　)

150. 攻丝时，丝锥切削刃对材料产生挤压，因此攻丝前底孔直径应略小于螺纹小径的尺寸。(　　)

151. 量具，就是计量和检验用的器具，长度测量量具是其主要门类之一。(　　)

152. 电子秤使用时，应置于稳定平整的台面上，调整四个底脚螺钉使秤处于水平位置，然后开启电源。(　　)

153. 铆螺母因其具有单面施工、螺母牢固可靠、不破坏工件表面镀层、减少重修和浪费、安装成本低、适用于冲孔和钻孔等优点，而备受亲睐。(　　)

154. 油漆溶剂主要用于溶解成膜物质，油漆涂刷到工件表面后，它会牢固地附着在工件表面。(　　)

155. 吊运物体时，如没有钢丝绳，可以用麻绳、三角带代替。(　　)

五、简 答 题

1. 简述木材优点、特点和用途。
2. 简述木材按树种分哪两大类。
3. 简述什么是针叶树。
4. 简述什么是阔叶树。
5. 简述木材有哪三个切面。
6. 简述什么是树木的年轮。
7. 简述切削力的影响因素。
8. 简述红松的木质性能。
9. 简述落叶松的木质性能。
10. 简述水曲柳的木质性能。
11. 简述什么是木材切削。
12. 简述什么是带锯机。
13. 简述什么是木材的干缩和湿胀。
14. 简述木材切削分为哪四种。

15. 简述圆锯片的种类。
16. 简述铣削的三种类型是什么。
17. 简述磨具主要是什么。
18. 简述什么是正投影法。
19. 简述正投影法有什么特性。
20. 简述什么是主视图。
21. 简述什么是侧视图。
22. 简述什么是俯视图。
23. 简述三视图的投影规律(关系)是什么。
24. 以图 1 中三角块为例简述物体各面在三视图中对应的位置关系。

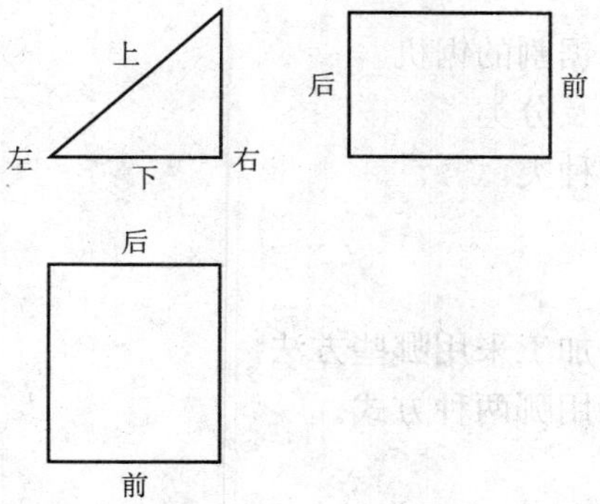

图 1

25. 简述图线名称。
26. 简述图纸中 R、L、ϕ 常用尺寸符号的含义。
27. 简述局部放大图在图纸上的名称。
28. 简述锥度和斜度的定义。
29. 简述木工车床的种类。
30. 简述什么叫尺寸。
31. 简述什么是基本尺寸。
32. 简述什么是实际尺寸。
33. 简述什么叫公差尺寸。
34. 简述形状公差包括几点。
35. 简述钢按用途分哪些类。
36. 简述木工铣床分类。
37. 简述对电的认识。
38. 简述什么是电流。
39. 简述什么是电路。
40. 简述电路由哪三部分组成。
41. 简述什么叫短路。
42. 简述电流强度的单位是什么,用什么代号表示。

43. 简述机械传动一般多采用哪些形式。
44. 简述皮带传动中分哪两种。
45. 简述什么叫主动轮。
46. 简述什么叫被动轮。
47. 简述皮带传动的原理。
48. 简述皮带传动的传动比。
49. 简述三角皮带传动的优点。
50. 简述摩擦轮传动的优点。
51. 简述齿轮传动的优点。
52. 简述木工钻床的种类。
53. 简述榫接合的含义。
54. 简述一般用制材原木锯割的锯机。
55. 简述质量缺陷的定义及分类。
56. 简述木工机床刀具的种类。
57. 简述钻头的种类。
58. 简述锯机的分类。
59. 简述通常木材的切削加工采用哪些方法。
60. 简述木材切削基本采用哪两种方式。
61. 简述切削速度的含义。
62. 简述交流电的定义。
63. 简述什么叫配料。
64. 简述什么是加工余量。
65. 简述交流电的三要素是什么。
66. 简述常用润滑剂分哪两大类。
67. 简述固态润滑脂的特点和常用处所。
68. 简述液态润滑油比固态润滑脂具有哪些优点。
69. 简述压刨主要是完成哪几个刨光工序的机械。
70. 简述木材切削的三个基本要素是什么。

六、综 合 题

1. 试述平刨工作台应怎样调整。
2. 试述平台带锯的锯壁子如何调对。
3. 试述配料时木材加工余量如何确定。
4. 试述木工机械的一般维护有哪些方面。
5. 已知 MJ3310B 台式木工带锯机上下锯轮最大中心距为 1 820 mm，计算 MJ3310B 台式带锯机的锯条长度。（MJ3310B 锯轮直径为 1 067 mm）
6. 试述如何防止木制品变形。
7. 根据立体图 2 画三视图。
8. 根据立体图 3 画三视图。

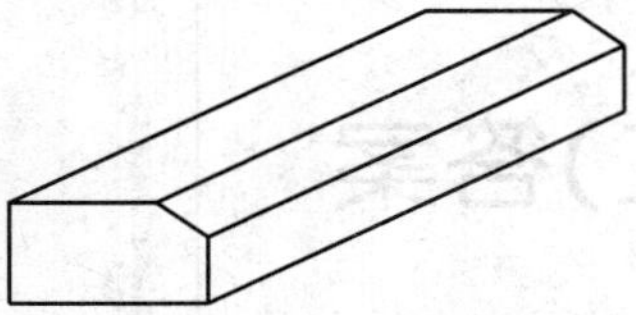

图 2

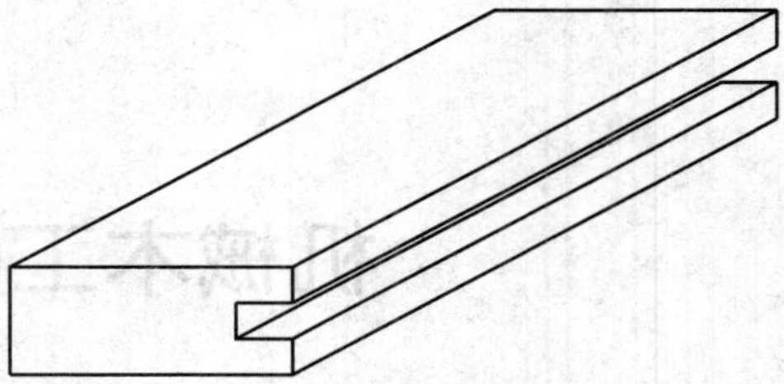

图 3

9. 试述丝锥有哪些分类,由哪几部分组成。
10. 试述平刨床的结构特点及用途。
11. 试述常见的木材缺陷有几种。
12. 一英制螺纹每吋牙数为 19,其螺距是多少毫米。
13. 有一种规格为 50 mm×75 mm×2 135 mm 的木材 150 根,求体积有多少立方米。
14. 试述搞好机床润滑的意义。
15. 试述有缺陷的木材如何合理利用。
16. 试述带锯机操作技术要点是什么。
17. 试述为什么木工机床要安装吸尘装置。
18. 试述开展木材综合利用的重要意义。
19. 试述单一配料和综合配料各有什么优缺点。
20. 试述带锯机上、下锯轮的结构有什么区别,为什么?
21. 试述木工钻头的磨修方法。
22. 试述怎样做好木工钻床的维护保养工作。
23. 试述配料工艺的重要意义。
24. 试述几种配料方法。
25. 试述木材机械加工刃具所用材料及其性质。
26. 试述怎样做好木工铣床的安全技术操作。
27. 试述木材在不同季节加工方法的区别。
28. 试述木工铣床的用途和种类及其主要技术规格。
29. 试述平面刨刀安装应达到什么要求。
30. 试述制材的工艺过程及采用的设备。
31. 试述锯齿的结构及各部分的作用。
32. 试述锯卡的作用及调整方法。
33. 试述什么是榫接合,按榫头的形状分,榫头主要有哪几种及用于何处。
34. 试述木工钻床的种类、用途。
35. 试述压刨机加工常见缺陷和排除方法。

机械木工(初级工)答案

一、填 空 题

1. 感觉器官	2. 树木形态	3. 三个	4. 年轮
5. 早材	6. 晚材	7. 组成部分	8. 加粗组织
9. 用材部分	10. 心材	11. 边材	12. 木射线
13. 髓心	14. 阔叶树	15. 平行叶脉	16. 网状叶脉
17. 零件	18. FRP	19. 干缩	20. 湿涨
21. 木材强度	22. 抗弯强度	23. 横纹抗拉强度	24. 菌虫侵蚀
25. 腐朽	26. 节子	27. 活节	28. 死节
29. 漏节	30. 三	31. 直角榫	32. 超负荷
33. 掌状节	34. 裂纹	35. 径裂	36. 轮裂
37. 干裂	38. 不锈钢铆螺母	39. 六角形	40. 预填密封
41. 原条	42. 原木	43. 直接使用原木	44. 加工用原木
45. 三倍	46. 方材	47. 树种	48. 材种
49. 缺陷的性质	50. 成材	51. 湿荒材	52. 干荒材
53. 投影关系	54. 左视图	55. 尺寸数字	56. 公差
57. 20	58. 54	59. 基本尺寸	60. 实际尺寸
61. 极限尺寸	62. 标准公差	63. 基本偏差	64. 28
65. 2	66. H	67. h	68. 三
69. 间隙	70. 过盈	71. 6	72. 8
73. 组织环	74. 微米	75. 轮廓算术平均偏差	76. 微观不平度10点
77. 轮廓最大高度	78. 1 000	79. 25.4	80. 交流
81. 电流	82. 36 V	83. 稳恒直流电流	84. 交流
85. 电阻	86. 串联	87. 并联	88. 触电
89. 0.05 A	90. 36 V	91. 摩擦	92. 传动比
93. 三角皮带传动	94. 液态矿物油类	95. 三	96. 四种
97. 货车	98. 300 mm	99. 25.5 m	100. $2H+\pi d$
101. 2 h	102. 锯条齿形	103. 锯割木材	104. 起槽
105. 横截圆锯片	106. 上下水平刀片	107. 直径和型式	108. 三
109. 断面形状装饰线条	110. 装配式铣刀	111. 设计制作	112. 五
113. 锥柄	114. 磨削端面	115. 进给机构	116. 调整梢
117. 扎钩	118. 翻木	119. 进锯	120. 小头进锯
121. 返程	122. 卸料	123. 锯材	124. 径切板

125. 弦切板	126. 合理下锯	127. 缺陷原木下锯法	128. 径向下锯
129. 弦向下锯	130. 主产品	131. 连产品	132. 箱板品
133. 改锯材	134. 配料	135. 工序	136. 平台带锯机
137. 五	138. 划线	139. 刨光和综合	140. 十
141. 立体划线	142. 顺茬	143. 4～15 m/min	144. 推板推进刨削
145. 冷却	146. 回转运动	147. 5 mm	148. 50～70 mm
149. 最小直径	150. 20%	151. 钢卷尺	152. 最小长度
153. 三	154. 20 mm	155. 小头检尺	

二、单项选择题

1. D	2. B	3. A	4. C	5. D	6. C	7. A	8. B	9. A
10. B	11. D	12. B	13. C	14. B	15. A	16. C	17. A	18. C
19. A	20. C	21. B	22. A	23. B	24. D	25. A	26. A	27. B
28. C	29. A	30. C	31. A	32. D	33. C	34. C	35. B	36. B
37. D	38. A	39. C	40. A	41. B	42. D	43. B	44. D	45. B
46. A	47. C	48. C	49. A	50. B	51. A	52. B	53. B	54. A
55. B	56. B	57. B	58. C	59. D	60. A	61. C	62. C	63. A
64. B	65. D	66. B	67. D	68. B	69. C	70. C	71. A	72. B
73. A	74. C	75. D	76. A	77. A	78. D	79. B	80. D	81. C
82. B	83. D	84. A	85. A	86. B	87. C	88. B	89. C	90. A
91. B	92. A	93. B	94. D	95. A	96. B	97. A	98. B	99. D
100. B	101. A	102. A	103. D	104. C	105. B	106. B	107. B	108. B
109. D	110. B	111. A	112. A	113. B	114. A	115. C	116. A	117. C
118. B	119. A	120. A	121. C	122. B	123. B	124. C	125. D	126. D
127. A	128. A	129. D	130. B	131. A	132. A	133. B	134. D	135. A
136. B	137. D	138. D	139. A	140. B	141. C	142. A	143. B	144. A
145. C	146. D	147. A	148. A	149. A	150. B	151. D	152. B	153. B
154. C	155. B	156. D	157. B	158. A	159. A	160. B	161. B	162. D
163. C	164. B	165. A	166. D	167. C	168. B	169. B	170. C	171. A
172. C	173. C	174. B						

三、多项选择题

1. BCD	2. ABC	3. AB	4. BCD	5. ABD	6. AB	7. ABCD
8. ABC	9. BCD	10. ACD	11. ABCD	12. BD	13. BD	14. ABCD
15. ABCD	16. ABC	17. BC	18. ABCD	19. ABD	20. ABCD	21. BD
22. ACD	23. CD	24. ACD	25. BCD	26. ABCD	27. ACD	28. ABCD
29. BCD	30. ABC	31. ABCD	32. ABCD	33. BC	34. ABCD	35. BC
36. AD	37. AB	38. ABC	39. ABCD	40. ABC	41. ACD	42. ABC
43. AD	44. ABCD	45. ABD	46. ABC	47. ABCD	48. AB	49. BC

50. BCD　51. BCD　52. ABCD　53. ABCD　54. ABCD　55. ACD　56. BCD
57. BD　58. ABCD　59. ABC　60. ABCD　61. ABCD　62. BCD　63. ABCD
64. ABCD　65. ABD　66. ABCD　67. ABCD　68. BCD　69. ABD　70. ABCD
71. ACD　72. ABCD　73. ABCD　74. ABCD　75. ACD　76. AB　77. ABCD
78. AD　79. ABD　80. BD　81. AC　82. CD　83. ABC　84. ACD
85. ABC　86. ABCD　87. BCD　88. ABC　89. ABCD　90. ACD　91. BCD
92. ABCD　93. ABCD　94. ABC　95. AD

四、判 断 题

1. √　2. ×　3. ×　4. ×　5. √　6. √　7. ×　8. ×　9. ×
10. ×　11. √　12. √　13. ×　14. √　15. ×　16. √　17. ×　18. √
19. √　20. ×　21. √　22. √　23. ×　24. √　25. ×　26. √　27. √
28. ×　29. √　30. √　31. ×　32. √　33. ×　34. ×　35. ×　36. ×
37. √　38. ×　39. ×　40. √　41. ×　42. √　43. ×　44. √　45. √
46. ×　47. √　48. √　49. √　50. ×　51. √　52. ×　53. ×　54. ×
55. √　56. ×　57. √　58. √　59. ×　60. ×　61. √　62. ×　63. √
64. ×　65. ×　66. √　67. √　68. ×　69. ×　70. √　71. √　72. ×
73. √　74. √　75. ×　76. √　77. ×　78. ×　79. ×　80. ×　81. √
82. ×　83. √　84. ×　85. ×　86. √　87. √　88. ×　89. ×　90. √
91. √　92. ×　93. √　94. ×　95. √　96. √　97. ×　98. ×　99. √
100. ×　101. ×　102. √　103. √　104. √　105. ×　106. √　107. √　108. √
109. ×　110. √　111. ×　112. ×　113. √　114. ×　115. √　116. ×　117. √
118. √　119. ×　120. √　121. ×　122. √　123. √　124. √　125. ×　126. √
127. ×　128. √　129. ×　130. √　131. √　132. √　133. ×　134. ×　135. √
136. ×　137. ×　138. ×　139. √　140. ×　141. ×　142. √　143. √　144. ×
145. √　146. ×　147. ×　148. ×　149. ×　150. ×　151. √　152. √　153. √
154. ×　155. ×

五、简 答 题

1. 答：木材具有容重小，花纹美观，易于着色、油漆装饰，易于加工，榫接、胶接等优点(2分)。同时具有良好的隔热、隔声对电的绝缘和抗震性能等特点(2分)。广泛用于工业、农业、国防、铁路、船舶、车辆、建筑、采矿、乐器和家庭生活等方面(1分)。

2. 答：由于木材的树种很多，通常按树种的形状不同来区别(2分)，分为针叶树和阔叶树两大类(3分)。

3. 答：针叶树的叶子主要是呈针形(2分)，平行叶脉故称针叶树(3分)。

4. 答：阔叶树的叶子是大小不同的片状叶(2分)，网状叶脉故称阔叶树(3分)。

5. 答：木材的三个切面是横切面(2分)、径切面(1.5分)、弦切面(1.5分)。

6. 答：在原木横切面上(2分)，有一圈圈呈同心圆或不规则波浪状的木质层叫年轮(3分)。

7. 答:木材材性(1 分)、木材湿度(1 分)、刀具变钝(1 分)、刀具角度(1 分)、切削速度(1 分)。

8. 答:红松又叫果松(1 分)。其材质轻软、纹理直、结构中等、有良好的干燥性能(3 分),易于加工、胶接和进行油漆(1 分)。

9. 答:落叶松又叫黄花松(1 分)。其材质坚硬、耐磨、耐腐蚀(2 分);难干燥,在干燥中易开裂;不易加工(2 分)。

10. 答:(1)水曲柳材质较硬,纹理直,结构中等。

(2)韧性大,耐冲击,性能好。

(3)不易干燥,干燥中易开裂、翘曲。

(4)易加工,加工表面光滑。

(5)木材花纹美观。

(总分 5 分,每一项 1 分)

11. 答:借助木工刀具按预定表面切开木材(2 分)以获得需要的尺寸(1 分)、形状(1 分)和表面粗糙度的切削过程称为木材切削(1 分)。

12. 答:带锯机是以安装、张紧在两个锯轮上的环状无端状锯条为切削工具(3 分),使其朝一个方向连续运行来切削木材的机床(2 分)。

13. 答:当木材含水率在纤维饱和点以下时,潮湿的木材在干燥空气中水分逐渐蒸发,引起尺寸体积的缩小这种现象叫干缩(2.5 分)。相反,干燥的木材在潮湿的空气中吸收周围空气中的水分,引起尺寸体积增大(膨胀)这种现象叫湿胀(2.5 分)。

14. 答:木材切削可分为四种:纵向切削、横向切削、端向切削和过渡切削。(总分 5 分,少答一项扣 1 分)

15. 答:根据锯身结构可分为平面锯片、锥形锯片和内凹锯片(2 分);根据齿形可分为纵锯和横锯(1.5 分);根据锯齿刃口材料可分为普通锯片和镶齿锯片(1.5 分)。

16. 答:铣削有三种类型:圆柱铣削(2 分)、锥形铣削(1.5 分)和端面铣削(1.5 分)。

17. 答:磨具主要是砂纸(2 分)、砂布(1.5 分)和砂轮(1.5 分)。

18. 答:将空间物体按垂直于投影方向而分别投影到两个或两个以上互相垂直的投影面上(3 分),这种求得投影的作图过程叫正投影法(2 分)。

19. 答:平面平行于投影面,投影现真形(2 分);平面倾斜于投影面,大小形状要改变(1.5 分);平面(直线)垂直于投影面,投影积聚成一线(点)(1.5 分)。

20. 答:在机械制图中,把物体从前向后投影(2 分),在正面投影面上得到的视图叫主视图,也叫正视图(2 分),主视图是组成图纸的主要图形(1 分)。

21. 答:把物体从左向右投影(2 分),在侧面上得到的视图叫侧视图(2 分),又叫左视图(1 分)。

22. 答:把物体从上向下投影(2 分),在水平投影面上得到的视图叫俯视图(2 分),又叫顶视图(1 分)。

23. 答:在三视图中,物体对应部分的投影规律是:主、俯视图长对正(1 分);主、侧视图高平齐(1 分);俯、侧视图宽相等(1 分)。简单地说就是主、俯等长,主、侧等高,俯、侧等宽(1 分)。故又称投影的“三等”关系(1 分)。

24. 答:(1)主视图上能反映出物体的上、下、左、右位置,但不能看出前、后位置(2 分)。

(2)俯视图上能反映出物体的前、后、左、右位置，但不能看出上、下位置(1.5分)。

(3)侧视图上能反映出物体的前、后、上、下位置，但不能看出左、右位置(1.5分)。

25. 答：图线名称包括粗实线、细实线、波浪线、双折线、虚线、细点划线、双点划线。

(总分5分，答对5项即得满分)

26. 答：R 表示半径(2分)；ϕ 表示直径(1.5分)；L 表示长度(1.5分)。

27. 答：局部放大图用Ⅰ、Ⅱ、Ⅲ、Ⅳ、Ⅴ等表示其放大处名称(5分)。

28. 答：(1)圆锥体的大端直径减去小端直径与其长度之比叫做锥度(2分)。

(2)斜度是某一直线(或平面)与某一作基准直线(或平面)所夹角的正切，或大端高度减去小端高度与其长度之比叫斜度(3分)。

29. 答：木工车床分为普通木工车床、端面木工车床、仿形木工车床和专用木工车床。(总分5分，少答1项扣1分)

30. 答：用特定单位(2分)表示线性尺寸值的数值称为尺寸(3分)。

31. 答：基本尺寸是确定偏差起始的尺寸(2.5分)，通常指设计时确定的图纸尺寸(2.5分)。

32. 答：通过测量(2分)所得到的尺寸称为实际尺寸(3分)。

33. 答：允许零件尺寸的变动量称为尺寸公差，简称公差(2.5分)。公差等于最大极限尺寸与最小极限尺寸之差，或等于上偏差与下偏差的代数差(2.5分)。

34. 答：形状公差包括直线度、平行度、圆度、圆柱度、线轮廓度和面轮廓度。

(总分5分，答对其中5项即得满分)

35. 答：(1)建筑钢。

(2)结构钢：碳素工具钢、合金结构钢、渗碳钢、调质钢。

(3)工具钢：碳素工具钢、合金工具钢、高速钢。

(4)特殊性能钢：不锈钢耐酸钢耐热钢、磁性钢、高电阻合金抗磁性钢等。

(总分5分，少答一项扣1分)

36. 答：(1)按进给方式分手工进给和机械进给铣床。

(2)按主轴数目分单轴和双轴铣床。

(3)按主轴位置分上轴和下轴、立式和卧式铣床。

(4)按机床质量分有轻型、中型、重型等。

(总分5分，少答一项扣1分)

37. 答：电是一种看不见的能(1分)。电能便于输送到远方和分配到各处(1分)。电能也易于根据需要变换成其他种能，如机械能、热能、光能等(1分)。在工业、农业、国防、科学技术等方面和日常生活中被广泛应用着，在运用时要特别注意安全，防止触电和造成火灾(2分)。

38. 答：电荷有规则的运动称为电流(3分)，通常用I表示(2分)。

39. 答：电流流过的路径称为电路(5分)。

40. 答：一个简单的电路必须有电源(2分)、负载(1.5分)和连接导线三部分组成(1.5分)。

41. 答：所谓短路是指电源两端或负载两端相接触(3分)，使电路中的电流比正常值大几倍，这种现象叫短路(2分)。

42. 答：电流强度的单位是安培(3分)，用A表示(2分)。

43. 答：一般多采用挠性传动、摩擦传动、齿轮传动、气动、液动传动形式。(总分5分，答对1项得1分)

44. 答:皮带传动分平皮带传动(2.5分)和三角皮带传动两种(2.5分)。

45. 答:先转动的轮叫主动轮(5分)。

46. 答:被主动轮带动而转动的轮叫被动轮(5分)。

47. 答:皮带传动是依靠皮带与皮带轮之间的摩擦来传动的(5分)。

48. 答:在皮带传动中,两个皮带轮的转速比与这两个带轮的直径成反比。这个比叫做传动比。(2分)

即:$i=\frac{n_1}{n_2}=\frac{D_2}{D_1}$(1分)

i 为传动比;n_1 为主动轮每分钟转速;n_2 为被动轮每分钟转速;D_1 为主动轮直径(mm);D_2 为被动轮直径(mm)。

注:如果有几对皮带轮组成的传动,其传动比可用下列公式计算:

$$i=\frac{n_1}{n_{末}}=\frac{D_2}{D_1}\times\frac{D_4}{D_3}\times\frac{D_6}{D_5}\times\cdots\text{(2分)}$$

49. 答:三角皮带传动平稳,不易振动(1分);传递动能大(1分);更换方便(1分);不易打滑(1分);对包角的要求不需要很大(1分)。

50. 答:(1)构造简单,成本低廉。

(2)运转时无噪声。

(3)在机器运转中可匀稳地变速,而且起动、停止和变向都很方便。

(4)过载时,两轮接触,即产生滑动,因而可防止机械损坏起到保险作用。

(总分5分,少答一项扣1分)

51. 答:传动速比不变;工作可靠;耐用;无论是在低速或高速的情况下,所传递的功率不受限制;轴承上受力较小;效率可达99%。(总分5分,答对其中5项即得满分)

52. 答:(1)钻床按钻轴的位置分为立式、卧式和组合式三种类型。(2分)

(2)按钻轴的数目分为单轴和多轴两种。(1.5分)

(3)按进给方式分为手动和机械两种。(1.5分)

53. 答:榫接合俗称卯榫接合(1分),也就是指木零件的榫头嵌入另一木零件的榫孔或榫槽的接合(2分),它是木结构中最常用的接合方法(2分)。

54. 答:(1)MJ3215跑车带锯机。(2分)

(2)MJ3212跑车带锯机。(1.5分)

(3)MJ3211跑车带锯机。(1.5分)

55. 答:质量缺陷是指产品质量"未满足与预期或规定用途有关的要求"。(1分)

分类:(1)偶发性的质量缺陷。偶发性的质量缺陷又称急性质量缺陷,它是由系统因素引起的质量失控所出现的质量异常波动(2分)。(2)经常性的质量缺陷。经常性的质量缺陷又称慢性质量缺陷,它是由随机性的因素引起的质量正常波动所造成的质量缺陷(2分)。

56. 答:木工机床刀具包括锯条锯片、刀具、钻头、车刀。(总分5分,少答一项扣1分)

57. 答:钻头包括麻花钻头、方孔钻头、片状钻头、空心钻头、沉头钻头。(总分5分,答对1项得1分)

58. 答:常用的锯机有带锯机、圆锯机和排锯机三大类。(总分5分,少答1项扣1.5分)

59. 答:木材的机械加工主要是改变木材的外形及其尺寸(2分)。通常用锯、刨、钻、铣、车、磨等切削方法(2 分),使木材达到需要的规格尺寸(1 分)。

60. 答:一是将被加工的材料移向切削刀具(1 分);二是切削刀具移向被加工的材料(1 分)。这两个运动称为工作运动或送料(1 分)。木材的切削加工多数是使切削刀具作回转运动,工件移向刀具来完成的(2 分)。

61. 答:刀具或工件运动时,刀刃相对于加工件的运动速度称为切削速度(5 分)。

62. 答:电流的大小和方向都随着时间在变化,这种电流叫交流电(5 分)。

63. 答:根据产品规格尺寸和质量要求(2 分),将成材各种规格的毛料的加工过程叫配料(3 分)。

64. 答:将毛料加工在形状尺寸和表面质量等各方面符合设计图纸要求的零件时,所切削掉的那部分材料称为加工余量(3 分)。所以加工余量也就是毛料尺寸与零件图纸尺寸之差(1 分)。如果采用湿板材配料,则加工余量中还应包括湿毛料的干缩量(1 分)。

65. 答:交流电的三要素是幅值、频率和初相。(总分 5 分,少答 1 项扣 1.5 分)

66. 答:常用的润滑剂有液态的矿物油类(2.5 分)和固态黄甘油脂两大类(2.5 分)。

67. 答:固态润滑脂的特点是粘度大(1 分),多用于压力和温度较高的摩擦表面(1 分)。由于固态润滑脂工作可靠、密封简单、维护方便(1 分),所以经常用来润滑外齿轮、中速的滚动轴承或其他低速、不易润滑的移动零件等处所(2 分)。

68. 答:(1)摩擦系数小,多用于高速部位。

(2)冷却作用好。

(3)容易实现集中润滑和自动润滑。

(4)换注油方便。

(总分 5 分,少答 1 项扣 1 分)

69. 答:压刨是将平刨刨过两个相邻面的木材,刨成一定厚度和宽度的规格材的加工机械。(5 分)

70. 答:木材切削的三个基本要素是切削运动(2 分)、刀具(1.5 分)和工件(1.5 分)。

六、综 合 题

1. 答:前后工作台之差,即为刨削厚度,前台面应低于后台面 1~1.25 mm(即刨削量)(3 分)。每次换刀后,将后台面调到与刀刃圆角相切(2 分)。后台面过高,工件前端会顶住刨口使刨削厚度不均,前面刨的多,后面刨的少,过低则相反,会出现木料后面成凹坑(3 分)。为此,前台面要根据刨削量调整(2 分)。

2. 答:由于每个锯条锯路的大小不完全相同(2 分)。因此,每换一个锯条,一般都应该对锯壁子的标准零点进行一次调对(2 分)。调对的方法可采用一块标准木块或直尺(2 分)。木块外侧靠拢锯尺内侧刃,把指动针调到标尺的零位上;固定锯壁子则可松开定位螺栓即可(2 分)。上述准备工作完成后,便可开车,空车运转一定时间约 2~3 min,检查各部位是否正常,若运转平稳,无异常情况,即可进行锯割(2 分)。

3. 答:木材加工余量的确定,应根据木质和工件长度,按企业的实际情况和具体条件具体要求来确定(3 分)。一般刨工加工余量是:单面加工时留 3 mm,双面加工时留 5 mm,长度加工余量一般留 50~70 mm(4 分)。加工余量要选留合理,余量过多就是浪费,余量少了加工时不够,加工易出废品。因此在配料时要引起高度重视(3 分)。

4. 答:(1)经常保持设备的清洁,每班工作后,应进行一次清扫,将锯屑、刨花、碎片等杂物打扫干净。

(2)对机械的重要部位如工作台面外露的滑动面配电柜(箱)等要进行擦拭干净。

(3)对机械传动主轴气缸阀门等部位要进行检查,发现异常现象及时与维修人员联系排除。

(4)对润滑部位要进行检查注油。

(5)配备专业维修保养人员进行定期检查和校正设备。

(总分10分,答对1项得2分)

5. 答:$L=2H+\pi D$(4分)

$L=2\times1.820+3.14\times1.067$(3分)

$=6.99(\mathrm{m})$(3分)

6. 答:木制品变形的主要原因是含水率偏高或存放不当。因此防止木制品变形,一方面应严格控制木制件的含水率,最好使木制件的含水率略低于当时当地的木材平衡含水率(5分),另外在存放过程中注意合理堆放,垫木要平整,周围环境应保持干燥和良好的通风,分层堆放木制品时,所用垫木上下应对齐,垫木或垫条厚度应一致(5分)。

7. 答:三视图如图1所示(评分标准:凡错、漏、多一条线,各扣1分)

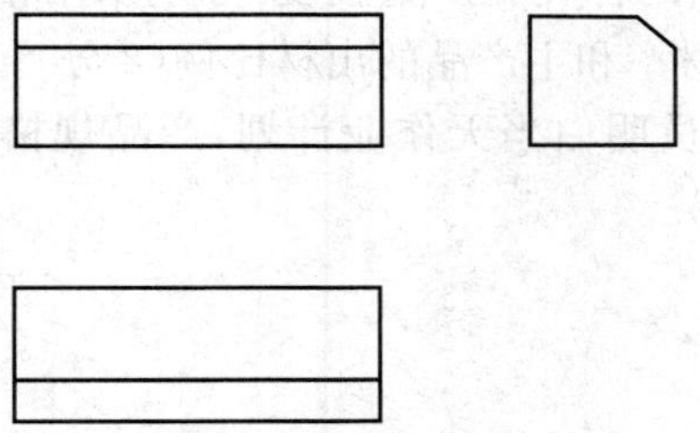

图 1

8. 答:三视图如图2所示(评分标准:凡错、漏、多一条线,各扣1分)

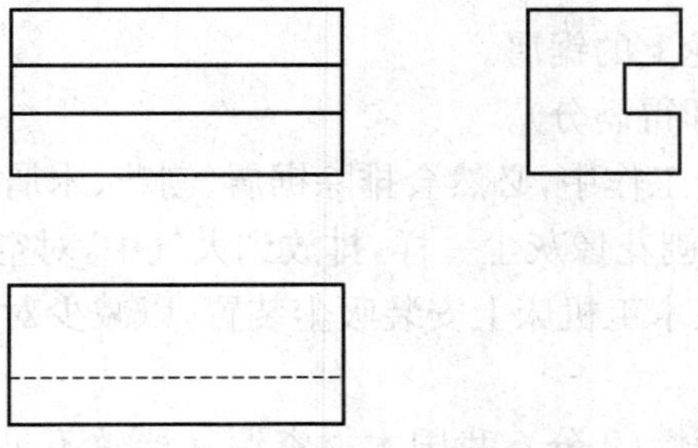

图 2

9. 答:丝锥是加工内螺纹的刀具,它分手用丝锥和机用丝锥两种(3分);按其牙型可分为普通螺纹丝锥、圆柱管螺纹丝锥和圆锥螺纹丝锥(3分);普通螺纹丝锥又分为粗牙和细牙两种(2分)。丝锥由工作部分和柄部两部分组成(2分)。

10. 答:(1)平刨床的结构特点:刀轴安装在工作台的下面,一次可以加工工件的下表面。(5分)

(2)平刨床的用途：用于将粗糙不平的工件毛料表面，加工成光滑平整的平面使该平面作为后续加工的基准面。(5分)

11. 答：常见木材缺陷有节子、腐朽、虫害、斜纹、裂纹。(总分10分，每项2分)

12. 答：因为1 in=25.4 mm(3分)，则螺距为$\frac{25.4}{19}=1.337$ mm (7分)。

13. 答：$V=$长×宽×厚×数量(4分)。

$=\frac{2\ 135\times75\times50\times150}{10^{-9}}$ (3分)

$=1.200\ 9(m^3)$(3分)

14. 答：搞好机床的润滑工作是维护保养机床的重要环节和基础(1分)。正确地润滑机床，能够很好地降低机床运动部件的磨损(1分)，提高机械效率(1分)，减少动能消耗(1分)，保持设备精度(2分)，延长机床寿命(1分)，从而达到节约修理费用(1分)，降低生产成本(1分)，促进生产发展(1分)。

15. 答：木材的缺陷有天然或人为原因造成的(2分)，要根据缺陷的种类和程度因材利用(2分)。如活节较多的木材可用来作外观质量要求低或不外露，主要承受纵向压力的构件(2分)；死节可挖补后利用(1分)；又如弯曲原木，可根据配件的大小，截短后再锯，以提高出材率和减少斜纹(1分)，根据缺陷的种类和严重程度，分别采用相应的合理下锯法，做到既保证产品质量，又尽量提高原木锯材率和主产品的出材比例(2分)。

16. 答：(1)开工前全体人员明白当天作业计划，产品规格、数量及材质质量要求和原木情况。

(2)合理下锯。

(3)摇尺要准确。

(4)入锯要准确。

(5)操作中思想要集中，技术要熟练，动作要协调。

(6)有异常情况及时停机检查，排除故障。

(7)适时更换锯条。

(8)及时消除锯条及锯轮上的锯屑。

(总分10分，答对5项即得满分)

17. 答：木工机床在生产工作中，必然会排除锯屑、刨花、木屑和灰尘(3分)，特别是细木工加工机床，加工生产时，锯屑刨花像灰尘一样，排放到大气中，对空气的污染和人体的健康都是有害的(4分)。因此，必须在木工机床上安装吸尘装置，以减少对大气的污染和保护生产工人的身体健康(3分)。

18. 答：由于木材生长缓慢(2分)，我国木材资源又严重不足(2分)，在今后一段时间里，木材供不应求的矛盾仍相当严重(2分)，而木材综合利用是节约木材的一个重要方面，以充分发挥现有木材的利用程度，来缓和木材供求矛盾(2分)。因此，木材综合利用将是一项长期的，具有重要意义的工作(2分)。

19. 答：单一配料优点是操作技术简单，易掌握，截锯和带锯生产效率高(2.5分)；缺点是没有充分利用木材，增加了大量辅助工时，把大量人工用于翻捣木料上面(2.5分)。综合配料优点是合理利用木材，提高木材利用率，提高工效(2.5分)；缺点是由于零件规格复杂，操作技术要求高(2.5 分)。

20. 答:上锯轮是被动轮,下锯轮是主动轮(电动机通过三角皮带带动下锯轮),通过带锯条带动上锯轮转动(3 分)。为减轻上锯轮轴承架和锯身的负荷,上锯轮采用幅条式结构,轮缘采用钢箍,幅条采用圆钢,上锯轮重量约为下锯轮重量的 1/3(3 分)。下锯轮是幅板式实心铸铁轮,由于其重量大,转动时惯性力大,空转时能储存一部分能量,在锯割木材时再将能量释放出来,这样能缓和锯割时由于木材材质不均匀或摩擦力变化造成的冲击,并使转速保持相对稳定,保证锯割工作的顺利进行(4 分)。

21. 答:由于各种钻头的结构不同,其刃磨方法也有所不同:

(1)麻花钻头只磨端部切刃,刃磨时必须保证各刃斜度一致,一般都是用手工在砂轮机上进行刃磨。(2 分)

(2)片状钻头,刃磨端部切刃,刃磨时定位尖两侧的端部切刃高度应相同,定位尖应在钻头中心位置。(2 分)

(3)方孔钻头,刃磨方套的刃口采用圆油石卡在转轴上进行刃磨,钻头利用薄砂轮或用什锦锉锉磨。(2 分)

(4)沉头钻头的磨修与麻花钻相同。(2 分)

(5)空心钻(套料刀)在薄砂轮上用手工进行刃磨,刃磨后用油石修内壁使其光滑。(2 分)

22. 答:木工钻床轴转速快,润滑要求高(1 分)。开车前应检查设备运转是否正常,油泵是否正常,油池油位是否达到要求高度(3 分)。经常保持轴承、油池、导轨导轴等运动部位的清洁和润滑良好(3 分)。装卸主轴压紧螺母时应使用扳手,不得用锤击(3 分)。

23. 答:配料是木材机械成型加工前的一道工序(2.5 分)。木材的各种缺陷,虽然经过制材工序已大部分剔除,但仍有部分缺陷(2.5 分)需经过配料工细致地选择和搭配(2.5 分)。因此,切实搞好配料工作,对保证产品质量,节约木材,提高木材利用率有极重要的意义(2.5 分)。

24. 答:(1)划线配料法。(2 分)

(2)刨光配料法。(2 分)

(3)单一横截配料法。(2 分)

(4)横截和纵解组合配料法。(2 分)

(5)配料法和综合配料。(2 分)

25. 答:木工机床转速高,切削速度快,要求刃具材质好,既有较高的硬度,又要有较高的韧性,不同刃具由于其切削形式和切削角度,切削力大小不同,对刃具材质的要求也不一样,如锯条要求韧性较大,耐磨性好,钻头要求有较高的硬度和耐磨性(5 分)。木工刃具材料主要有:碳素工具钢、合金工具钢,前者又分为优质碳素工具钢和高级优质碳素工具钢,碳素工具钢有较高的韧性,但热硬性较差,不适宜高速切削,厚度大的刃具淬火时不易淬透,同时热处理变形也大,所以一般用来制造切削速度较低,有冲击载荷的木工刃具。合金工具钢有较高的硬度和耐磨性,热硬性好,适用于高速切削的刃具。碳素工具钢价格低,且容易刃磨(5 分)。

26. 答:由于木工铣床转速特别高,且刀又露在导板外,手推送工件要频繁通过刀头,因而特别要注意安全操作,主要应做到下述各点:(1 分)

(1)开车前认真检查刀具安装是否牢固,铣刀有无裂纹等缺陷,机床运转是否正常。(1.5 分)

(2)采用高速时用稳定支架装在刀轴顶端以免刀轴摆动。(1.5 分)

(3)推送工件应压紧，推送速度要均匀。(1.5分)

(4)进行纵向铣削应两人上、下配合操纵，手不能太靠近刀头，中途不要退回工件。(1.5分)

(5)等机床停稳后再进行拆卸刀具、调整靠板、做清扫等工作。(1.5分)

(6)严禁戴手套操作，工作服袖口要扎紧。(1.5分)

27. 答：木材中水分在严寒的冬季会结冰(1分)，从而使木材变硬(1分)，材质变硬后使锯割和切削均较困难(1分)，因此加工时，应适当选用锯齿的角度(齿前角要小一些，齿顶角要大一些，切削角也要大一些)和刀片角度(楔角要大一些，前角要小一些)(3分)，同时进料速度和切削量(吃刀深度)也应小一些(2分)。这是相对于夏季加工而言，具体应随树种软硬而定(2分)。

28. 答：木工铣床主要用来起线裁口开榫槽和加工各种曲线零件(2分)。木工铣床种类很多，我国当前生产的有MX513单轴木工铣床、MX518立式单轴木工铣床、MX519立式单轴木工铣床、MX525A万能木模铣床等，其中应用最广的是MX518和MX519型两种(3分)。这两种型号主要技术规格见表1(5分)。

表 1

机床型号	工作台尺寸(mm)	主轴最大升降高度(mm)	主轴转速(r/min)	电动机功率(kW)	电机转速(r/min)
MX518	1 000×800	100	4 000～6 000	4.5	2 900
MX519	1 120×900	100	3 000～10 000	3～4.5	1 400～2 880

29. 答：(1)同一刀轴上各刀片重量尺寸规格一致。

(2)刀片应无裂口和缺口，刀刃应成一直线。

(3)刀轴与刀片接触面以及压铁与刀片接触面均应无锯屑刨花和油污等，以保证能紧密牢靠压紧在刀轴上。

(4)每次换刀应检查螺栓螺帽是否完好，滑丝者不准用。

(5)刀刃与断屑器距离要合适。

(6)同一刀轴上，各刀刃应在同一圆周上，以保持运转平稳和获得平稳光滑加工面。压紧刀片螺栓应拧紧。

(总分10分，答对5项即得满分)

30. 答：(10分)

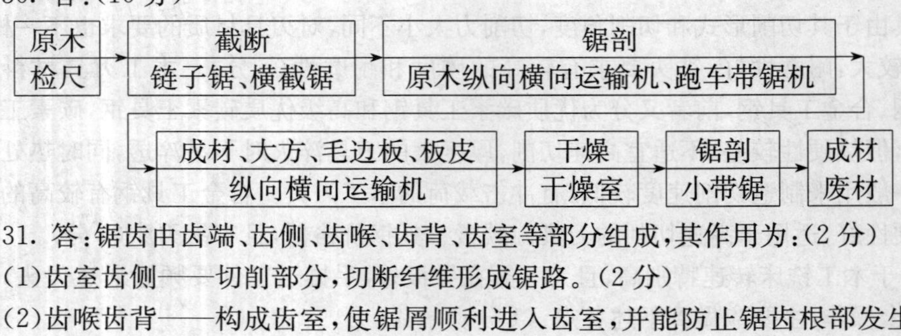

31. 答：锯齿由齿端、齿侧、齿喉、齿背、齿室等部分组成，其作用为：(2分)

(1)齿室齿侧——切削部分，切断纤维形成锯路。(2分)

(2)齿喉齿背——构成齿室，使锯屑顺利进入齿室，并能防止锯齿根部发生龟裂，增强齿根。(2分)

(3)齿室——切削过程中容纳锯屑，并带出从两侧排出。(2分)

(4)拨料或压料——扩大锯路，减少锯条(锯片)与木材在切削过程中摩擦，使锯割顺利。(2分)

32. 答:锯卡的作用是夹持锯条,阻止其左右摆动,使锯条在运转过程中其工作部分保持稳定的直线运动,以保证得到平直的锯路。(5 分)

上下锯卡两侧嵌入硬木块用螺栓压紧,根据需要作左右水平调整,使锯条保持在垂直位置,并夹住锯条。不宜过紧或过松,过紧因摩擦生热,过松则会左右摆动。下锯卡是固定在锯台上,上锯卡则根据原木大小作手动或机动调节上下,以便上下锯卡间距离使锯条处于最佳锯割状态。(5 分)

33. 答:(1)榫接合俗称卯榫接合,也就是指榫头嵌入榫孔或榫槽的接合,它是木结构中零件最主要的链接方法(2 分)。(2)按榫头的形状主要有三类,即直角榫、燕尾榫和圆榫(2 分)。(3)直角榫一般用于木制各种框架接合,如木质门、窗、木制橱、柜、桌等(2 分);燕尾榫多用于箱框结构、抽屉面板与侧板的连接(2 分);圆榫则多用于木制件拼接,有的抽屉面板与侧板的连接也用圆榫接合(2 分)。

34. 答:钻床按钻轴的位置分为立式、卧式和组合式三种类型(2 分);按钻轴的数目分为单轴和多轴两种(1.5 分);按进给方式分为手动和机械两种(1.5 分)。

木工钻床主要应用于以下几个方面:用于圆榫结合,其孔径一般为 8～20 mm,孔深为 15～60 mm(2 分);用于穿螺栓,为贯通孔,其孔径一般为 12～20 mm(1 分);用于除去木材缺陷和填补木塞用的圆孔,孔径通常为 15～35 mm,加工孔的深度为 15～20 mm(1 分);作为其他用途的圆孔其孔径最大可达 57 mm(1 分)。

35. 答:见表 2。(总分 10 分,答对 5 项即得满分)

表 2

缺陷名称	产生原因	排除方法
工件表面不平	刀轴轴承径向间隙大,机床振动	消除间隙,更换轴承,平衡回转部件和刀轴
工件在宽度方向上不一样	刀片在刀轴长度方向上伸出量不一致	正确安装刀片
厚度不一样	刃口不平行工作台,工作台松动和歪斜	校准调整工作台,消除间隙调整工作台,清理研磨工作台
沿工件长度方向上加工厚度不一致:		
工件啃尾	工作台后支承滚筒调的过高	重新调整滚筒
工件啃头	工作台前支承滚筒调的过高	重新调整滚筒
进给困难	压紧器低	调整压紧器
工件不进给	工件弯曲度和起度大于 5 mm	这种材料工件,不允许在机床上加工
刨削平面有凹痕	进给滚筒的压紧力过大	升高进给滚筒,使其低于切平面小于 1 mm

机械木工(中级工)习题

一、填 空 题

1. 木材机械加工根据( )和采用设备不同,通常分为制材加工和细木工加工。
2. 木材是一种使用范围很广的材料,广泛应用于铁路、车辆、船舶、建筑、采矿、农具、乐器和( )等。
3. 木材有( )和变异性。
4. 树木是种子植物中的( )。
5. 木本植物包括乔木、灌木和( )。
6. 针叶树的种子裸露在外,又叫( )。
7. 阔叶树的种子是包在果实里,又叫( )。
8. 树木的( )切面是横切面、径切面和弦切面。
9. 横切面是指与树干或木纹方向( )所得的切面。
10. 顺着树干的长度方向( )所得到的切面叫标准径切面。
11. 径切面与( )平行。
12. 径切面与( )垂直。
13. 顺着树干长度方向,( )锯制所得的切面叫弦切面。
14. 木射线在木材三个不同切面上,呈现出( )的形态。
15. 木射线在木材横切面上呈现( )。
16. 木射线在木材径切面上呈现( )。
17. 木射线在木材弦切面上呈现( )。
18. 树脂道是某些针叶树中,由分泌细胞围绕而成的( )。
19. 根据树脂道的排列形式,分横生树脂道与( )。
20. 横生树脂道在木射线中,它与树干成( )分布。
21. 纵生树脂道与树干( )。
22. 有树脂道的木材,会( )且极易燃烧。
23. 阔叶材的导管在横切面上呈孔状,叫( )。
24. 阔叶材叫( )。
25. 针叶材没有导管叫( )。
26. 管孔大小在一个年轮内无明显区别,分布比较均匀的叫( )。
27. 桦木就是( )。
28. 一般要求较高的木材,不允许带有( )。
29. 在同一根原木的不同锯割方向所得的不同材面上,会呈现形状完全不同的( )。
30. 木材花纹能帮助我们识别( )。

31. 木材纹理是指(　　)的排列规律。
32. 年轮较宽,变化较急的叫(　　)。
33. 马尾松和阔叶树中的环孔材就是(　　)。
34. 年轮较窄,变化缓和的叫(　　)。
35. 红松和阔叶树中的散孔材就是(　　)。
36. 组成木材各种细胞的大小、性质和排列的疏密是指(　　)。
37. 由较多大细胞组成的木材,材质粗糙,叫(　　)。
38. 由大多数的小细胞组成的木材,材质致密,叫(　　)。
39. 组成木材的大小细胞变化不大,差异小的叫(　　)。
40. 椴木等某些散孔材就是(　　)。
41. 如果木材细胞大小变化大,相差悬殊者叫(　　)。
42. 麻等某些环孔材就是(　　)。
43. 对鉴别木材有一定作用的是(　　)。
44. 识别树种时,应选择(　　)来鉴别。
45. 能溶解于水或酒精等溶剂中是(　　)。
46. 可提高木制品的外观质量的是(　　)。
47. 会散发出各种不同的气味是(　　)中的某些化学物质。
48. 可以帮助我们识别木材的是(　　)。
49. 不同树种的木材由于其细胞壁的厚薄和孔隙的大小不同,所以(　　)也不同。
50. 容重大的木材是(　　)。
51. 容重小的木材是(　　)。
52. 木材容重的大小可以帮助我们识别木材和比较(　　)的大小。
53. 容重大的木材,孔隙小,结构致密,(　　)。
54. 容重小的木材,孔隙大,组织稀疏,(　　)。
55. 容重大、强度大的木材可用来制作各种手把、车辆、房屋、农具、家具等(　　)的木制品构件。
56. 可用来制作浮标、救生圈、绝热隔声材料等的木材是(　　)。
57. 木材在干燥过程中,当水分减少时,由于弦向和径向干缩程度不同,会改变木材原有形状,叫(　　)。
58. 木材变形严重时会导致(　　)。
59. 水曲柳顺纹压力极限程度为(　　)。
60. 水曲柳顺纹抗压强重比为(　　)。
61. 黄花松顺纹抗拉极限强度为(　　)。
62. 黄花松横纹抗拉极限强度为(　　)。
63. 剪力方向与木材纤维方向垂直,剪切面与木材纤维方向平行时的抗剪强度称为(　　)。
64. 当剪力方向和剪切面都与木材纤维方向垂直时的抗剪强度,叫(　　)。
65. 木材缺陷会影响木构件的强度和(　　)。
66. 国家标准规定木板厚度自 18 mm 以下者称为(　　)。

67. 国家标准规定木板厚度自 66 mm 以上称为(　　)。
68. 平行于一个投影面,而对于另外两个投影面倾斜的直线,称为(　　)线。
69. 垂直于一个投影面,与另外两个投影面都平行的直线段,称为(　　)线。
70. 点的 Y 坐标值,表示空间点到(　　)面的距离。
71. 由两个形体表面彼此相交而产生的表面交线,称为(　　)。
72. 任何复杂的零件,都可以看作为由若干个(　　)组成。
73. 组合体的尺寸分三类有(　　)、定位尺寸和总体尺寸。
74. 机械制图表示内部形状最常用的一种方法为(　　)。
75. 机械制图中,用于内外形状都需要表达的对称零件的方法是(　　)。
76. 机械制图中,用于表达零件上有许多不在同一平面上孔、槽的方法是(　　)。
77. 国家标准规定了两种配合制度即基孔制与基轴制,并规定优先选用(　　)。
78. 基孔制配合中的孔称为(　　)。
79. 基轴制配合中的轴称为(　　)。
80. 配合性质相同时,在一般情况下,零件尺寸越小,则(　　)数值应越小。
81. 正方体体积的计算公式是(　　)。
82. 长方体体积的计算公式是(　　)。
83. 圆柱体体积的计算公式是(　　)。
84. 由发电设备输配电设备以及用电设备组成的总体叫(　　)。
85. 电网是联系大电机和(　　)的输配电系统。
86. 远程输电通常要用变压器将电压(　　)后再进行。
87. 输电电压高低的原则是:容量越大,距离越远,输电电压越(　　)。
88. 电流流过的路径称为(　　)。
89. 有电流流通,负载可以正常工作的电路叫(　　)。
90. 电流被短接的现象称为(　　)。
91. 电动势是衡量(　　)将非电能转换成电能本领的物理量。
92. 电动势的方向规定为在电源内部由(　　)。
93. 在直流电路中,已知 $V_A=20$ V,$V_B=10$ V,则 $U_{AB}=$(　　)。
94. 某导体两端电压为 220 V,电阻为 1 100 Ω,则流过该导体系的电流为(　　)。
95. 一负载接在 220 V 电源上,工作时流过的电流为 2.5 A,则该负载的电阻为(　　)。
96. 一用电器功率为 100 W,则其每小时耗电为(　　)。
97. 阻值为 100 Ω,额定功率为 1 W 的电阻两端允许加的最大直流电压为(　　)。
98. 用电器在额定工作状态下工作叫(　　)。
99. 淬火后必须进行(　　)。
100. 回火的作用是清除钢件在淬火时产生的(　　)。
101. 如果要将运动从原动机(电动机)传递到机器或机床上,就可以采用(　　)。
102. 皮带传动分(　　)和三角皮带两种。
103. 在平皮带传动中,如果要使两轮旋转方向相同,则可采用(　　)。
104. 在平皮带传动中,如果要使两轮旋转相反,可采用(　　)。
105. 在平皮带传动中,如果要使两轮轴线既不相交又不平行,可采用(　　)。

106. 通过链条和链轮的啮合,将主动轮的圆周力传给从动轮是(　　)。

107. 链传动中,作传动用的链条一般有滚子链和(　　)两种。

108. 由摩擦传动演变而成的一种无相对滑动的传动机构是(　　)。

109. 正齿轮传动,用于当两轴轴线(　　)时。

110. 锥形齿轮传动,用于当两轴轴线(　　)时。

111. 木工榫槽机工作台的移动是通过(　　)方式来实现的。

112. 机床上常用的润滑剂有液态的矿物油和(　　)两大类。

113. 机床上凡是有(　　)引起摩擦的工作表面都需要润滑。

114. 固态润滑油的特点是(　　)。

115. 液态润滑油的主要特性是粘度,这个特性通用常是用(　　)表示。

116. MB206 表示(　　)。

117. MS3626 表示(　　)。

118. MX519 表示(　　)。

119. 制材是指把原木锯制成一定的规格板方材或(　　)的个加工过程。

120. 锯剖原木用的跑车带锯机常用(　　)MJ3212、MJ3211 等型号。

121. 带锯机的上锯轮是被动轮,下锯轮是(　　)。

122. 锯解是经过配料将成材按零件的规格尺寸、技术要求在锯机上进行加工的过程,包括纵解与(　　)。

123. 实现带锯机与车桩横向进退的装置是(　　)。

124. 带锯机摇尺机构是保证锯机(　　)的一个重要机构。

125. 带锯机是高速运转的机床,锯轮转速一般为每分钟(　　)。

126. 带锯机在锯割过程中常见的故障主要有(　　)锯路弯曲(跑条),锯条断裂和摇尺(步进)不准等。

127. 厚板比薄板(　　)。

128. 从原木横切面看,年轮较宽的是(　　)。

129. 从原木横切面看,年轮较密的是(　　)。

130. 活节对材质的影响很小(　　)对材质影响大。

131. 将板、方材制成半成品或成品的主要生产工序是(　　)。

132. 细木工带锯机,主要用来作锯割(　　)的直线及各种曲线、斜线等。

133. 在平刨机上可以同时刨削(　　),但工件的高度应基本一致。

134. 刨削曲线形的工件时,应在工作台面上(　　)。

135. 压刨机主要是将工件刨制成一定的(　　)。

136. 压刨的工件进给是通过(　　)而实现的。

137. 四面刨床是利用装有刨刀和铣刀的主轴,以四个面按照(　　)来刨削木材的机床。

138. 四面刨床采用(　　)。

139. 铣削木制品各种榫头的机床是(　　)。

140. 常见的开榫机有直榫开榫机、箱榫机和(　　)。

141. MS3626 型立式液压榫槽机可供家具厂、木模厂、船舶、车辆制造厂以及建筑等单位对门、窗木框木制零件接合处(　　)使用。

142. 木材切削按切削形式分为有切屑的切削和(　　)。
143. 木材的基准面一般指平面(大面)、侧面(小面)和(　　)三个面。
144. 木材的工艺性能有(　　)、抗劈强度弯曲能力等。
145. 对于贵重木材可采用(　　)调制成糊状,涂在原木端部,防止端部开裂。
146. 木工铣床的主要加工作用是起线、裁口、开榫槽和加工(　　)。
147. 木工车床主要是(　　)各种木质装饰品。
148. 木工车床工作完后要切断(　　),让其自动停车。
149. 齿形拼接要求短料的长度不得小于(　　)。
150. 原木虽然能露天存放,但原木堆场要(　　)良好,便于吊运。
151. 堆放原木应按(　　)规格分别堆放整齐。
152. 木材保管不善会发生(　　)。
153. 立体划线一般要在(　　)三个方向上进行。
154. 能溶解渗透液的挥发性溶剂,用以去除被检工件表面上多余的渗透液是指(　　)。
155. 同样一种产品,在不同单位的不同具体条件下允许有不同的(　　)。
156. 标注线性尺寸时,尺寸线必须与所标注的线段(　　)。
157. 结合件可以相互转动的叫(　　)铆接。
158. 垃圾分类就是将垃圾分门别类地投放,并通过分类地清运和回收使之重新变成(　　)。
159. 在碳素钢中加入适量的(　　)形成了合金工具钢。
160. 机械工程中规定,一般以(　　)作为尺寸的特定单位。
161. 铆钉在铆接中,利用(　　)或过盈连接被铆接件的零件。
162. 过渡配合中,孔的下偏差必定(　　)轴的上偏差。
163. 装配过程中拉线是常用的调整方法,因线绳存在下垂度,因此拉线调整不能调整(　　)方向尺寸。
164. 绘制零件草图第一步为(　　)。
165. 用钻头加工不锈钢,钻削时(　　)要低,进给量可稍大一些,一般超过 0.1 mm/r。

二、单项选择题

1. 木材含水率发生变化时,有(　　)的现象。
(A)干缩、湿胀　(B)节子、弯曲　(C)裂纹、变形　(D)斜纹、乱纹
2. 木材是由无数(　　)组成的多孔物质。
(A)细胞核　(B)细胞质　(C)木细胞　(D)颗粒
3. 桦木树皮很光滑,呈(　　)。
(A)粉色　(B)白色　(C)绿色　(D)粉白色
4. 红松树皮是(　　)。
(A)灰色　(B)红色　(C)褐色　(D)灰红褐色
5. 落叶松树皮是(　　)。
(A)暗灰色　(B)绿色　(C)褐色　(D)白色
6. 木材细胞中的某些化学物质,会散发出各种不同的(　　)。

(A)香味 (B)苦味 (C)臭味 (D)气味

7. 松木有(　　)。

(A)松脂香味 (B)苦味 (C)樟脑气味 (D)臭味

8. 水曲柳有(　　)。

(A)香味 (B)苦味 (C)臭味 (D)气味

9. 木材单位体积的重量称为木材的(　　)。

(A)比重 (B)容重 (C)体重 (D)容量

10. 台湾二色轻木的容重为(　　)。

(A)$0.000\ 186\ kg/cm^3$ (B)$0.186\ kg/cm^3$

(C)$1.128\ kg/cm^3$ (D)$0.001\ 128\ kg/cm^3$

11. 我国有(　　)余种树种。

(A)六千 (B)七千 (C)八千 (D)九千

12. 红松又叫(　　)。

(A)白松 (B)臭松 (C)果松 (D)本松

13. 落叶松又叫(　　)。

(A)黄花松 (B)樟子松 (C)海松 (D)朝鲜松

14. 楸木又称(　　)。

(A)春榆 (B)山榆 (C)白皮榆 (D)核桃楸

15. 木材径向干缩率约为弦向的(　　)。

(A)1/5～1/4 (B)1/4～1/3 (C)1/3～1/2 (D)1/2～1

16. 木材极限强度的单位是(　　)。

(A)kg/cm^2 (B)g/cm^2 (C)g/cm^3 (D)kg/cm^3

17. 木材顺纹抗剪极限强度约为顺纹抗压极限强度的(　　)。

(A)1～1/3 (B)1/3～1/7 (C)1/4～1/8 (D)1/5～1/9

18. 木材顺纹的抗拉强度为(　　)。

(A)60～80 MPa (B)80～100 MPa (C)120～150 MPa (D)150～180 MPa

19. 木材顺纹的抗压强度一般为(　　)。

(A)15～25 MPa (B)25～75 MPa (C)35～55 MPa (D)70～90 MPa

20. 针叶木材横纹抗压强度为顺纹抗压强度的(　　)。

(A)5% (B)10% (C)15% (D)20%

21. 阔叶木材横纹抗压强度为顺纹抗压强度的(　　)。

(A)5%～10% (B)10%～15% (C)15%～20% (D)20%～25%

22. 木材构造缺陷有(　　)。

(A)节子 (B)乱纹 (C)轮裂 (D)偏枯

23. 树干缺陷有(　　)。

(A)夹皮 (B)树瘤 (C)外伤 (D)变色

24. 木材的加工缺陷有(　　)。

(A)斜纹 (B)缺棱 (C)偏心 (D)弯曲

25. 根据树枝和树干木材连生情况，节子分为(　　)。

(A)圆形节 (B)条状节 (C)掌状节 (D)活节死节和漏节

26. 节子破坏了木材的(　　)。

(A)强度 (B)均匀性 (C)外观 (D)硬度

27. 修补贯穿裂纹，挖补深度应在板厚的(　　)。

(A)1/5～1/4 (B)1/4～1/3 (C)1/3～1/2 (D)1/2

28. 修补活节时，活节数量不限，但在同一横断面上活节直径之和不得超过板宽的(　　)。

(A)1/2 (B)1/3 (C)2/3 (D)1/4

29. 木板宽度局部缺损不超过板宽的(　　)允许修补。

(A)1/2 (B)1/3 (C)2/3 (D)1/4

30. 在允许修补木板的条件下，修补总长度不超过板长的(　　)。

(A)1/2 (B)1/3 (C)2/3 (D)1/4

31. 原木长度检量，若截面偏斜时，应按(　　)长度为准。

(A)最大 (B)最小 (C)两平行面 (D)重新锯制

32. 原木径级按(　　)进位。

(A)2 cm (B)3 cm (C)2 mm (D)3 mm

33. 适用于造船材原木的等级标准为(　　)。

(A)一级 (B)二级 (C)三级 (D)一、二级

34. 适用于车辆材原木的等级标准为(　　)。

(A)一级 (B)二级 (C)三级 (D)一、二级

35. 适用于一般用材原木的等级标准为(　　)。

(A)一级 (B)二级 (C)三级 (D)一、二、三级

36. 对于进行天然干燥的湿材，堆垛应离开地面(　　)以上。

(A)200～600 mm (B)300～500 mm (C)400～600 mm (D)700 mm

37. 每个材堆应是(　　)规格的木材。

(A)同一树种，不同尺寸 (B)不同树种，同一尺寸

(C)同一树种、同一尺寸 (D)不同树种，不同一尺寸

38. 为了防止木材受潮和便于搬运，材堆下部可用厚度(　　)的木楞垫离地面。

(A)30～80 mm (B)40～90 mm (C)50～100 mm (D)100～120 mm

39. 在同一干燥室内干燥的木材，要求木材的树种板厚应(　　)。

(A)不同 (B)基本相同 (C)树种同板厚不同 (D)树种不同板厚同

40. 湿材适宜于(　　)。

(A)切削加工 (B)取存和搬运 (C)涂刷油漆 (D)菌虫的生长和繁殖

41. 门窗口最终含水率为(　　)。

(A)10%～12% (B)12%～15% (C)14%～16% (D)16%～18%

42. 自由水的增加或减少影响(　　)。

(A)木材容重 (B)木材的体积 (C)木材的机械强度 (D)木材的硬度

43. 吸着水的增减会引起(　　)的变化。

(A)木材硬度 (B)木材容积重 (C)木材颜色 (D)木材体积和机械强度

44. 我国东北地区木材平衡含水率的平均值为(　　)。
(A)12%　　(B)13.4%　　(C)14%　　(D)15.7%
45. 我国长江流域木材平衡含水率的平均值约为(　　)。
(A)12%　　(B)13.4%　　(C)14%　　(D)15.7%
46. 我国南方地区木材平衡含水率的平均值为(　　)。
(A)12%　　(B)13.4%　　(C)14%　　(D)15.7%
47. 水分自木材内部向外移动,在不同干燥阶段及不同干燥条件下以(　　)形式向外扩散。
(A)一种　　(B)二种　　(C)三种　　(D)四种
48. 影响木材干燥速度的主要因素有(　　)。
(A)一种　　(B)二种　　(C)三种　　(D)四种
49. 编制木材干燥基准主要根据(　　)方面来考虑。
(A)一个　　(B)二个　　(C)三个　　(D)四个
50. 不易发生变形开裂等缺陷的树种和厚度小的板材,干燥时应采用(　　)基准。
(A)软　　(B)硬　　(C)温度渐升式　　(D)波动式
51. 影响木材干燥的三个因素为(　　)。
(A)温度、压力、气流速度　　(B)温度、湿度、压力
(C)温度、湿度、气流速度　　(D)湿度、压力、速度
52. 木材干燥处理时,由于径向,弦向干缩差异,产生变形,使木材会出现(　　)。
(A)乱纹、反翘、弯曲　　(B)夹皮、弯曲、径裂
(C)弯曲、翘曲、扭曲　　(D)变色、腐朽、干裂
53. 发生端裂后,应及时采用(　　)的方法,进行中间处理,或采用较软的干燥基准。
(A)低温低湿　　(B)低温高湿　　(C)高温高湿　　(D)高温低湿
54. 木材干燥时,发现发霉生菌,应及时处理,处理温度为(　　)。
(A)50～55℃　　(B)55～60℃　　(C)60～70℃　　(D)70～75℃
55. 处理木材干燥发霉生菌缺陷时,相对湿度应为(　　)。
(A)60%～70%　　(B)70%～80%　　(C)80%～90%　　(D)90%～100%
56. 在图纸中标注的尺寸一般只标注尺寸数字,未注单位表示的是(　　)。
(A)m　　(B)dm　　(C)cm　　(D)mm
57. 在图纸中用于放大的比例是(　　)。
(A)1∶5　　(B)1∶3　　(C)1∶2　　(D)2∶1
58. 某圆的直径为50厘米,在图纸中标注该圆半径尺寸应标示为(　　)。
(A)R25　　(B)R50　　(C)R250　　(D)R500
59. 直线AB与H面平行,与W面倾斜,与V面倾斜,则AB是(　　)。
(A)正平线　　(B)侧平线　　(C)水平线　　(D)一般位置线
60. 平面与V面垂直,与H面平行,与W面平行,则该平面是(　　)。
(A)正垂面　　(B)水平面　　(C)侧平面　　(D)一般位置平面
61. 当机件内部结构不能用单一剖切平面剖开,而是采用几个互相平行的剖切平面将其剖开这种剖视图称为(　　)。

(A)斜剖　　　　(B)旋转剖　　　　(C)复合剖　　　　(D)阶梯剖

62. 根据装配精度合理分配各组成环公差的过程，叫(　　)。

(A)各组成环公差之和　　　　(B)各组成环公差之差

(C)减环公差之和　　　　(D)增环公差之和

63. 修配法解尺寸链的主要任务是确定(　　)在加工时的实际尺寸。

(A)增环　　　　(B)减环　　　　(C)封闭环　　　　(D)修配环

64. 采用修配法装配时，尺寸链中的各尺寸均按(　　)制造。

(A)装配精度要求　　(B)经济公差　　　　(C)修配量　　　　(D)封闭环公差

65. 装配时，通过调整某一零件的(　　)来保证装配精度要求的方法叫调整法。

(A)精度　　　　(B)形状　　　　(C)配合公差　　　　(D)尺寸或位置

66. 基本偏差用拉丁字母表示，孔与轴各有(　　)种。

(A)26　　　　(B)27　　　　(C)28　　　　(D)30

67. 形位公差精度等级中，除了圆度与(　　)度 13 个等级外，其他各形位公差均为 12 个等级。

(A)垂直　　　　(B)直线　　　　(C)平面　　　　(D)圆柱

68. 由一个或一组工人在一台机床或一个工作地点对一个或同时几个工件进行加工所连续完成的那一部分工艺过程称为(　　)。

(A)工序　　　　(B)工步　　　　(C)工位　　　　(D)安装

69. 多工位加工可以减少(　　)，提高生产效率。

(A)工件的安装次数　　　　(B)刀具的数量

(C)工位数　　　　(D)工步数

70. 零件加工时一般要经过粗加工、半精加工和精加工三个过程，习惯上把它们称为(　　)。

(A)加工方法的选择　　　　(B)加工过程的划分

(C)加工工序的划分　　　　(D)加工工序的安排

71. 从零件表面上切去多余的材料，这一层材料的厚度称为(　　)。

(A)毛坯　　　　(B)加工余量　　　　(C)工序尺寸　　　　(D)切削用量

72. 工序基准、定位基准和测量基准都属于机械加工的(　　)。

(A)粗基准　　　　(B)工艺基准　　　　(C)精基准　　　　(D)设计基准

73. 下列电路图形符号代表熔断器的是(　　)。

(A) 　(B) 　(C) 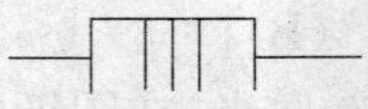　(D) 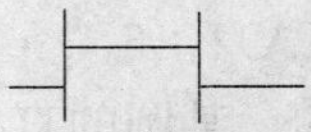

74. 下列电路图形符号代表电感器的是(　　)。

(A) 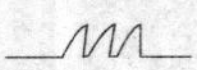　(B) 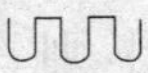　(C) 　(D) 

75. (　　)在电路中，属于负载。

(A)电阻　　　　(B)蓄电池　　　　(C)发电机　　　　(D)干电池

76. 有一鼠笼式三相异步电动机的同步转速为 1 500 r/min，其磁极对数为(　　)对。

(A)1　　　　(B)2　　　　(C)3　　　　(D)4

77. 异步电动机(　　)的调速方法只适用于线绕转子电动机。

(A)改变磁极对数

(B)改变电源频率

(C)在转子电路串入电阻,即改变转差率

(D)将起动变阻器接入转子电路中

78. C630 型普通车床的控制电路采用(　　)交流电压供电。

(A)36 V　　(B)110 V　　(C)220 V　　(D)380 V

79. 液压传动装置实质上是一种(　　)装置。

(A)运动传动　　(B)力的传递　　(C)液体变换　　(D)能量变换

80. 木结构的榫头分为明榫和暗榫,明榫比暗榫的强度(　　)。

(A)小　　(B)大　　(C)相同　　(D)弱

81. 液压传动是依靠(　　)来传递运动的。

(A)压力的变化　　(B)流量的变化　　(C)速度的变化　　(D)密封容积的变化

82. 若要改变油缸的运动速度,只要改变流入液压缸中油液的(　　)即可。

(A)压力　　(B)流量　　(C)速度　　(D)方向

83. 油液流经无分支管道时,每一横截面上通过的(　　)一定是相等的。

(A)压力　　(B)流量　　(C)速度　　(D)平均流速

84. 在测量过程中,由一些无法控制的因素造成的误差称为(　　)。

(A)随机误差　　(B)系统误差　　(C)粗大误差　　(D)偶然误差

85. 通过测量某一量值,并借助已知函数关系计算出需要的测量数据的测量方法叫(　　)。

(A)直接测量　　(B)间接测量　　(C)函数计算　　(D)误差换算

86. 用量具测出零件的弦高和弦长,通过公式计算出直径的测量方法叫(　　)。

(A)直接测量　　(B)间接测量　　(C)随机测量　　(D)系统测量

87. 两孔的中心距一般都用(　　)法测量。

(A)直接测量　　(B)间接测量　　(C)随机测量　　(D)系统测量

88. 回火时的加热温度,根据对零件机械性能的具体要求来决定,一般分(　　)。

(A)二种　　(B)三种　　(C)四种　　(D)五种

89. 低温回火一般温度为(　　)。

(A)50～150℃　　(B)150～250℃　　(C)250～350℃　　(D)350～450℃

90. 中温回火一般温度为(　　)。

(A)100～250℃　　(B)200～350℃　　(C)300～450℃　　(D)400～550℃

91. 高温回火一般温度为(　　)。

(A)200～250℃　　(B)300～450℃　　(C)400～550℃　　(D)500～650℃

92. 人工时效即为将零件在低温回火后,精加工之前,加热到 100～160℃,保持(　　)然后慢慢冷却。

(A)8～12 h　　(B)10～14 h　　(C)12～16 h　　(D)14～18 h

93. 新国标 N32 机械油相当于旧国标(　　)机械油。

(A)10 号　　(B)20 号　　(C)30 号　　(D)40 号

94. 高速精密机床滚动轴承的润滑,最好选用(　　)润滑脂。

(A)锂基　(B)钠基　(C)钙基　(D)滚动轴承

95. 钠基润滑脂主要用在工作温度在(　　)的各种机床设备轴承润滑。

(A)55～85℃　(B)85～115℃　(C)115～145℃　(D)145～175℃

96. 当电功率为2.2～3.7 kW,皮带速度大于10 m/s时,选用三角皮带的型号应为(　　)。

(A)A型　(B)B型　(C)C型　(D)D型

97. 三角皮带是以(　　)的长度作为公称长度。

(A)内周　(B)通过截面重心　(C)外周　(D)计算直径

98. 皮带传动中,主动轮与被动轮旋转方向相反,所采用的传动方式是(　　)。

(A)开口式皮带传动　(B)半交叉式皮带传动

(C)交叉式皮带传动　(D)复式传动

99. 皮带传动中,包角不得小于(　　)。

(A)100°　(B)110°　(C)120°　(D)130°

100. 为了传送位于同一平面内的相交两轴间的传动,一般采用(　　)传动方式。

(A)直齿轮　(B)圆锥齿轮　(C)皮带　(D)蜗轮蜗杆

101. 齿轮传动的优点之一是(　　)。

(A)制造复杂　(B)制造成本高　(C)传动速比不变　(D)工作时噪声较大

102. 木工带锯条齿形分直槽齿、直背齿(　　)、细木工带锯齿。

(A)三角齿　(B)斜三角齿　(C)凸背齿　(D)凹背齿

103. 带锯条齿形前角在锯割软材时为(　　)。

(A)5°～10°　(B)10°～20°　(C)20°～25°　(D)20°～35°

104. 带锯条齿形前在锯割硬材时为(　　)。

(A)5°～10°　(B)10°～20°　(C)20°～25°　(D)20°～35°

105. 净材四面刨刨刀刃磨采用的方法是(　　)。

(A)手工磨刀法　(B)半自动磨刀法

(C)纵向进给自动磨刀法　(D)横向进给自动磨刀法

106. 常用刨刀有带孔槽的(　　)和没有孔槽的薄刀片两种。

(A)厚刀片　(B)薄刀片　(C)短刀片　(D)长刀片

107. 当用原木做三角木屋架的上弦时,原木大头应当(　　)。

(A)向下　(B)向上　(C)都可以　(D)锯掉

108. 三角形木屋架从受力大小来衡量,节点中最重要的是(　　)。

(A)脊节点　(B)中央节点　(C)端节点　(D)任意点

109. 当木材的含水率低于纤维饱和点时,木材的强度开始变化,其变化规律是(　　)。

(A)含水率越高木材强度越高

(B)含水率越低木材强度越高

(C)当含水率达到适当程度,其木材强度最高

(D)含水率临近纤维饱和点时,其木材强度最高

110. 煨弯工艺最理想的木材含水率是(　　)。

(A)接近木材平衡含水率时　(B)接近木材纤维饱和点时

(C)湿材　(D)干材

111. 客车上采用煨弯木零件,弯曲性能最好的木材是(　　)。

(A)红松　(B)榆木　(C)水曲柳　(D)核桃楸

112. 木工手工锯的纵锯锯齿的切削角为(　　)。

(A)60°　(B)80°　(C)90°　(D)100°

113. 跑车是(　　)带锯机不可缺少的重要机构,跑车的作用是支承原木,使原木作纵向进给和横向进尺的运动。

(A)成材　(B)细木工　(C)制材　(D)平台

114. 带锯机跑车最大前进速度顺车为每分钟(　　)。

(A)40 m　(B)50 m　(C)60 m　(D)70 m

115. 带锯机跑车最大车速度(倒车)为每分钟(　　)。

(A)50 m　(B)70 m　(C)90 m　(D)100 m

116. MJ3310A 台式木工带锯机锯轮直径为(　　)。

(A)800 mm　(B)900 mm　(C)1 000 mm　(D)1 067 mm

117. 平台带锯机应该(　　)就对锯壁子的标准零点调对一次。

(A)每一小时　(B)每换一根锯条　(C)每天工作开始　(D)每次操作之前

118. 锯条的线速度高,进料速度快,锯条的线速度低,进料速度应(　　)。

(A)缓慢　(B)慢　(C)快　(D)减速

119. 平台带锯机上下手操作者要密切配合好,木料锯出(　　)以上时,下手才能接拉木料。

(A)100 mm　(B)150 mm　(C)200 mm　(D)250 mm

120. 木工圆锯机工作台面上少量堆放木料,在加工中是(　　)的。

(A)许可　(B)不许可　(C)按视情况而之　(D)领导批准

121. MB402 表示最大刨削宽度为(　　)的四面刨床。

(A)200 mm　(B)400 mm　(C)402 mm　(D)420 mm

122. 四面刨加工出的企口板企口不在板厚的中心位置,产生的原因是(　　)。

(A)刀刃有缺口　(B)左右立刀高度不一致

(C)刀具断面形状歪斜　(D)左右刀具号码不配对

123. 刀具刀口与纤维方向垂直,刀具运动方向与纤维方向平行,则切削为(　　)切削。

(A)横向　(B)纵向　(C)端向　(D)纵端向

124. MB506 木工平刨机的最大刨削宽度是(　　)。

(A)500 mm　(B)506 mm　(C)600 mm　(D)630 mm

125. 调整平包刨床时平刨刨刃伸出刀轴圆柱面不得超过(　　)。

(A)1 mm　(B)2 mm　(C)3 mm　(D)4 mm

126. MB506 木工平刨机的最大刨削量是(　　)。

(A)3 mm　(B)4 mm　(C)5 mm　(D)6 mm

127. 最大刨削宽度 600 mm 的单面压刨机用代号(　　)表示。

(A)MB106　(B)MB206　(C)MB306　(D)MB506

128. 最大刨削宽度 600 mm 的双面压刨机用代号(　　)表示。

(A)MB106　(B)MB206　(C)MB306　(D)MB506

129. 最大刨削宽度 600 mm 的三面刨床用(　　)表示。

(A)MB106　(B)MB206　(C)MB306　(D)MB506

130. MGB1025 木工光刨机加工工件的最大宽度是(　　)。

(A)100 mm　(B)102 mm　(C)250 mm　(D)1 025 mm

131. MX2120 单头直榫开榫机加工最大榫的长度是(　　)。

(A)120 mm　(B)150 mm　(C)200 mm　(D)212 mm

132. MX2120 单头直榫开榫机加工最大厚度为(　　)。

(A)100 mm　(B)125 mm　(C)150 mm　(D)200 mm

133. MX2120 单头直榫开榫机最大榫槽深度为(　　)。

(A)100 mm　(B)125 mm　(C)150 m　(D)200 mm

134. 单头直榫机的滚动轴承(　　)应加换黄油一次。

(A)1～2 个月　(B)2～3 个月　(C)3～4 个月　(D)4～5 个月

135. 液压榫槽机运转时有显著连续或周期性的噪声,其原因是液压系统(　　)。

(A)油泵进油口过滤阻塞　(B)油泵进油管道部分漏气

(C)油泵损伤或有显著磨损　(D)轴向间隙过大压力油又回到吸油腔

136. 木工榫槽机机头滑板每班按导轨油膜给油(　　)次。

(A)1～2　(B)2～3　(C)3～4　(D)4～5

137. MX519A 木工铣床最大铣削厚度是(　　)。

(A)90 mm　(B)100 mm　(C)500 m　(D)900 mm

138. MX513 表示的是(　　)。

(A)立式单轴木工铣床　(B)木工铣床

(C)单轴木工铣床　(D)万能木模铣床

139. MJ224 木工万能圆锯机,锯片的最大直径是(　　)。

(A)220 mm　(B)224 mm　(C)240 mm　(D)400 mm

140. MC614 型木工车床最大车削直径为(　　)。

(A)100 mm　(B)400 mm　(C)600 mm　(D)614 mm

141. 放样又叫(　)。

(A)划线　(B)下料　(C)落样　(D)配料

142. 任何一个图形,都可以找到(　　)基准线。

(A)一条　(B)两条　(C)三条　(D)四条

143. 放样图(　　)。

(A)示意清楚即可　(B)按国家标准绘制　(C)可以有比例　(D)精确地反映实物形状

144. 放样划线有(　　)划线法。

(A)一种　(B)两种　(C)三种　(D)四种

145. 木工钻头主要有(　　)种。

(A)二　(B)三　(C)四　(D)五

146. 操作木钻床时,夹具要牢靠,手距钻头不得小于(　　)。

(A)60 mm　(B)70 mm　(C)80 mm　(D)90 mm

147. 砂轮安装在主轴之后,必需使砂轮孔径比主轴大(　　),以防主轴磨热膨胀。

(A)0.5～1 mm (B)1.5 mm (C)2 mm (D)2.5 mm

148. 砂轮与法兰的结合面上应垫( )的纸垫或软片。

(A)0.5～0.8 mm (B)1 mm (C)1.5 mm (D)2 mm

149. 有些木工机械尽量将防尘罩与安全防护罩设计为一体,如( )。

(A)木工车床 (B)圆锯机 (C)木工平刨 (D)木工钻床

150. 圆锯机排宵罩两侧盖板是( )。

(A)固定的 (B)可移动的 (C)可拆卸的 (D)部分可分开的

151. 产品在规定时间内,规定条件下,完成任务所具备的能力称为产品的( )。

(A)寿命 (B)可靠性 (C)安全性 (D)经济性

152. 产品为满足使用目的所具备的技术特性是指产品的( )。

(A)寿命 (B)性能 (C)安全性 (D)经济性

153. 全面质量管理中,PDCA循环法,C代表的含义是( )。

(A)总法 (B)执行 (C)检查 (D)计划

154. 在质量管理活动中,分析质量问题常用的因果图又叫( )。

(A)散布图 (B)直方图 (C)鱼刺图 (D)排列图

155. 标准包括( )个方面的内容。

(A)二 (B)三 (C)四 (D)五

156. 全面质量管理中,PDCA循环可分为( )步骤。

(A)五个 (B)六个 (C)七个 (D)八个

157. 根据符号添名称,MB206表示( )。

(A)木工双面压刨床 (B)木工立式榫槽机

(C)木工铣床 (D)木工单头直榫开榫机

158. 根据符号添名称,MS3626表示( )。

(A)木工双面压刨床 (B)木工立式榫槽机

(C)木工铣床 (D)木工单头直榫开榫机

159. 根据符号添名称,MX519表示( )。

(A)木工双面压刨床 (B)木工立式榫槽机

(C)木工铣床 (D)木工单头直榫开榫机

160. 根据符号添明称,MX2120表示( )。

(A)木工双面压刨床 (B)木工立式榫槽机

(C)木工铣床 (D)木工单头直榫开榫机

161. 刨光机根据木构件和刨刀的运动方式,大致可分为( )形式。

(A)三种 (B)四种 (C)五种 (D)六种

162. MB6025皮带刨光机的刨削宽度为( )。

(A)150 mm (B)200 mm (C)250 mm (D)300 mm

163. MB6025皮带刨光机的刨削厚度为( )。

(A)4～50 mm (B)4～100 mm (C)4～150 mm (D)4～180 mm

164. 木质件挖补时,子板(补板)的含水率比母板(工件)含水率( )。

(A)高 (B)低 (C)相同 (D)高5%

165. 悬臂万能圆锯机悬臂可围绕立柱水平旋转(　　)。

(A)90°　　(B)180°　　(C)270°　　(D)360°

166. 在进行刨削加工时，为了保证刨削质量，刨削中如遇到节疤、纹理不顺或材质坚硬的木料时，应采取(　　)操作。

(A)先在毛料上加工出正确的基准面　　(B)操作者应适当加快进料速度

(C)操作者应适当降低进料速度　　(D)保持刨削进料速度均匀

167. 对于翘曲变形的工件进行刨削加工时，一般应按(　　)操作。

(A)要先刨大面，后刨小面

(B)要先刨其凹面，将凹面的凸出端部或边沿部分多刨几次，直到凹面基本平直，再全面刨削

(C)要先刨其凸面，将凸面刨到基本平直，再全面刨削

(D)应先刨最大凸出部位，并保持两端平衡，刨削进料速度均匀

168. 在平刨上加工基准面时，为获得光洁平整的表面，应作(　　)调整。

(A)将前、后工作台调平行并在同一水平面上，柱形刀头切削圆的上层切线与工作台面间保持一次进给的切削量

(B)将前、后工作台调平行，调整导尺与工作台面的夹角，使其成直角

(C)将平刨的前工作台平面调整至与柱形刀头切削圆在同一切线上，前、后工作台保持平行

(D)将平刨的后工作台平面调整至与柱形刀头切削圆在同一切线上，前、后工作台保持平行

169. 倾斜的端基准面(即端面与侧面不垂直)的加工可以在(　　)上进行。

(A)精密圆锯机或悬臂式万能圆锯机　　(B)平刨床或压刨床

(C)带锯机　　(D)双端铣床

三、多项选择题

1. 水平投影反映了物体的(　　)。

(A)长、宽　　(B)前、后　　(C)上、下　　(D)左、右

2. 正立投影反映了物体的(　　)。

(A)长、高、　　(B)上、下　　(C)前、后　　(D)左、右

3. 针叶树的常用木材有(　　)。

(A)红松　　(B)白松　　(C)柏木　　(D)黄花松

4. 树木通常分为(　　)两大类。

(A)针叶树　　(B)大叶树　　(C)阔叶树　　(D)小叶树

5. 树木的裂纹可分为(　　)。

(A)径裂　　(B)枝裂　　(C)轮裂　　(D)干裂

6. 木材含水率发生变化时，有(　　)的现象。

(A)腐朽　　(B)干缩　　(C)湿胀　　(D)变色

7. 树干由(　　)组成。

(A)树皮　　(B)形成层　　(C)木质部　　(D)髓心

8. 树木的三个切面是(　　)。

(A)横切面　(B)径切面　(C)弦切面　(D)断切面

9. 堆放原木应按(　　)等规格分别堆放整齐。

(A)直径　(B)树种　(C)等级　(D)长度

10. 木材保管不善会发生(　　)现象。

(A)腐朽　(B)变色　(C)开裂　(D)变形

11. 人造板的种类很多,其中常用的有(　　)。

(A)胶合板　(B)刨花板　(C)纤维板　(D)竹材板

12. 机械制图中,图纸的线形有(　　)。

(A)粗实线　(B)细实线　(C)波浪线　(D)双点划线

13. 红松又叫(　　)产于东北长白山、小兴安岭。

(A)本松　(B)果松　(C)赤松　(D)海松齿

14. 以下计算正确的是(　　)。

(A)三角形高＝面积 ×2÷底

(B)长方体表面积＝(长×宽＋长×高＋宽×高)×2

(C) 三角形的面积＝底×高÷2

(D)圆锥体的体积＝底面积×高÷3

15. 以下是长度单位的有(　　)。

(A)cm　(B) kg　(C)mm　(D)N

16. 影响切削加工质量的主要因素有(　　)以及刀具材质。

(A)切削速度与进给速度　(B)木材性质

(C)顺纹切削与逆纹切削　(D)木材含水率

17. 视图分(　　)。

(A)基本视图　(B)局部视图　(C)斜视图　(D)旋转视图

18. 木工铣床加工主要用来(　　)。

(A)起线　(B)裁口　(C)开榫槽　(D)加工各种曲线工件

19. 以下树种属于阔叶树的为(　　)。

(A)柞木　(B)水曲　(C)香樟　(D)桦木

20. 轮传动按齿轮的形状可分成(　　)类型。

(A)正齿轮传动　(B)螺旋齿轮传动

(C)圆锥齿轮传动　(D)蜗杆传动

21. 木材按用途和加工的不同,分为(　　)和木质人造板材等类型。

(A)原条　(B)原木　(C)普通锯材　(D)特种用材

22. 木材缺陷也称木材疵病,可分为(　　)三大类。

(A)天然缺陷　(B)生物为害的缺陷

(C)堆放腐朽　(D)干燥及机械加工引起的缺陷

23. 木材按木质软硬的程度不同分为(　　)两类。

(A)人造类　(B)软木类　(C)硬木类　(D)天然类

24. 木工机床常用润滑剂有(　　)。

(A)液态矿物油类　(B)气态润滑剂
(C)半流态润滑脂　(D)固态黄甘油脂

25. 皮带传动中分(　　)两种。
(A)平皮带传动　(B)三角皮带传动
(C)多沟皮带传动　(D)齿形带传动

26. 平面刨刀是指(　　)木机的上下水平刀片,它主要用来对木材进行平面刨削。
(A)平刨机　(B)压刨机　(C)三面刨　(D)四面刨

27. 木工铣刀主要用于铣削(　　)。
(A)榫头　(B)沟槽
(C)缺口　(D)各种断面形状装饰线条

28. 机械木工钻头钻柄的形式有(　　)三种。
(A)梯形柄　(B)三角柄　(C)直柄　(D)锥柄

29. 液态润滑油比固态润滑脂具有的优点:(　　)。
(A)摩擦系数小,多用于高速部位　(B)冷却作用好
(C)容易实现集中润滑和自动润滑　(D)换注油方便

30. 木材纹理中较美观的基本形式有(　　)。
(A)皱状花纹　(B)波浪花纹　(C)鸟眼花纹　(D)横逆纹理

31. 木材中的水,分为(　　)两部分。
(A)吸附水　(B)泥碳水　(C)自由水　(D)饱和水

32. 阔叶树的常用木材有(　　)。
(A)柚木　(B)桦木　(C)柞木　(D)榆木

33. 常用人造板材的优点是(　　)。
(A)幅面大　(B)变形小
(C)使短残废料得以利用　(D)可有漂亮的木纹

34. 榫接结构式木制品中最常见的连接方式,常见的榫眼结构有(　　)。
(A)圆眼　(B)半眼　(C)穿眼　(D)斜眼

35. 木材防腐剂种类中的水溶性防腐剂包括(　　)。
(A)氟化钠　(B)硼铬合剂　(C)铜铬合剂　(D)林丹

36. 胶合板可以改变木材的天然缺陷,把(　　)等消除,达到劣材良用的目的。
(A)节子　(B)虫眼　(C)腐朽　(D)裂纹

37. 木材干燥后容易引起(　　)。
(A)局部弯曲　(B)扭曲　(C)反翘　(D)裂隙

38. 阔叶树材在气干过程中容易发生(　　)现象。
(A)收缩　(B)干裂　(C)翘曲　(D)弯曲

39. 在实际工作中常常根据心边材的颜色差异明显与否,将木材分为(　　)三类。
(A)生材树种　(B)心材树种　(C)边材树种　(D)熟材树种

40. 木工常用的连接方法有(　　)及其他金属连结件接合。
(A)榫连接　(B)胶粘接　(C)钉连接　(D)螺钉连接

41. 现代板式零部件钻孔的类型有(　　)。

(A)圆榫孔　(B)连接件孔　(C)引导孔　(D)铰接孔

42. 欧姆定律反映了电路中(　　)之间的关系,是电路中最基本的定律。

(A)电能　(B)电压　(C)电流　(D)电阻

43. 机械加工使用的刀具,标注角度主要有(　　)。

(A)前角　(B)后角　(C)楔角　(D)切削角

44. 按照机床自动化程度的高低木工机床分为:(　　)。

(A)手动机床　(B)机械化机床

(C)半自动化机床　(D)自动化机床

45. 木工铣床按主轴数目可分为两种,即(　　)。

(A)单轴铣床　(B)独立铣床　(C)双轴铣床　(D)多轴铣床

46. 按机床的用途或槽头形状的不同,可将开榫机分为(　　)。

(A)木框榫开榫机　(B)箱接榫开榫机

(C)梳齿榫开榫机　(D)圆棒榫开榫机

47. 轻型四面刨床一般有四根刀轴,布置方式为(　　)。

(A)上水平刀轴　(B)左右垂直刀轴

(C)下水平刀轴　(D)上下水平刀轴

48. 锯加工机具是用来纵向或横向锯割原木和方木的加工机械,以下属于锯加工机具的有(　　)。

(A)木工圆锯机　(B)吊割锯机　(C)手推电锯　(D)铣床

49. 角尺又称曲尺、拐尺有(　　)两种。

(A)木质　(B)钢质　(C)竹质　(D)铁质

50. 平刨是用来刨削木料的平面,使其平直,按刨削要求不同可分为(　　)等。

(A)长刨　(B)中刨　(C)短刨　(D)光刨

51. 刨削机械主要有(　　)等。

(A)光刨　(B)平刨　(C)压刨　(D)四面刨

52. 带锯机开锯前的准备工作包括(　　)等工序。

(A)挂锯条　(B)调整平衡器　(C)调整锯片　(D)导板

53. 木工钻床又成为打眼机,按其外形可分为(　　)两种。

(A)厢式　(B)柜式　(C)立式　(D)卧式

54. 木工机械的特点(　　)等。

(A)切削速度高　(B)除切削机构外其他部分制造精度比较低

(C)结构一般比较简单　(D)噪声大

55. 以下公差为位置公差的是(　　)。

(A)定向公差　(B)形状公差　(C)定位公差　(D)跳动公差

56. 油漆的主要成分有(　　)及其他一些辅助材料。

(A)固体　(B)成膜物质　(C)颜料　(D)溶剂

57. 木工刀具材料应具备(　　)性能。

(A)热硬性　(B)耐磨性　(C)锋利性　(D)工艺性

58. 板方材一般采用分层纵横交叉堆积包括(　　)。

(A)顶盖　(B)间隙　(C)垫条　(D)堆基

59. 影响圆锯片适张度的因素主要有(　)组成。

(A)温度　(B)锯齿负荷　(C)进给速度　(D)转数

60. 铣削加工采用逆铣加工方式的特点(　)。

(A)可手工进料　(B)切削力大　(C)冲击小　(D)切削质量好

61. 胶粘剂的种类很多,主要的分类依据有(　)。

(A)主要组成的化学成分　(B)使用构件的部位特征

(C)胶液受热后的状态　(D)耐水性

62. 铣刀套装刀分为(　)。

(A)整体铣刀　(B)端铣刀　(C)镶刀铣刀　(D)组合铣刀

63. 木材的抗压强度有(　)之分。

(A)内压　(B)外压　(C)顺纹抗压强度　(D)横纹抗压强度

64. 影响铣削表面质量的因素有(　)。

(A)工件振动　(B)刀轴颤动　(C)刀具与刀轴配合　(D)刀具不平衡度

65. 刀具根据其形式不同有(　)。

(A)单刃刀具　(B)双刃刀具　(C)弯把刀具　(D)加倍刀具

66. 在锯条的处理中,锉锯齿分为(　)。

(A)拨料　(B)描尖　(C)掏膛　(D)逐锉

67. 螺钉旋具用于装卸木螺栓,分为(　)。

(A)电动式　(B)人工式　(C)普通式　(D)穿心柄式

68. 一般人工操纵的跑车带锯机操作时,需要(　)等工种配合。

(A)上料　(B)挂钩　(C)走步　(D)拉板

69. 木工铣床的切削刃具是铣刀。装在刀轴上,有(　)两类。

(A)单刃铣刀　(B)多刃铣刀

(C)整体成型铣刀　(D)装配式铣刀

70. 木工硬质合金圆锯片的特点有(　)。

(A)耐磨性高　(B)周边开有较短热膨胀槽,防止锯片受热变形

(C)锯切精度高,质量好　(D)锯片价格高,锉磨要求精度高

71. 影响木材切削性能的内在因素有(　)。

(A)木材树种　(B)木材密度　(C)木材含水率　(D)木材颜色

72. 压刨床开机前应进行(　)调整。

(A)工作台与刀刃应平行　(B)前、后下滚筒凸出工作台的高度

(C)前上进料滚筒调整　(D)后上送料滚筒及压紧装置调整

73. 双面刨的种类有(　)。

(A)先平刨后压刨　(B)双平刨　(C)先压刨后平刨　(D)双压刨

74. 四面刨床根据不同用途,安装数种刀轴,一般有(　)刨床。

(A)四轴　(B)五轴　(C)六轴　(D)八轴

75. 边材树种的心边材无颜色区别,木材通体颜色均一,如(　)就属于边材树种。

(A)桦木　(B)刺槐　(C)椴木　(D)榉木

76. 垂直支撑及水平系杆一般用直径为 120～140 mm 的原木对开或用(80～100)mm×(100～120)mm 的方木,与屋架连接时用(　　)。

(A)角钢　(B)扒钉　(C)螺栓　(D)槽齿

77. 一般木工机械的润滑部位有(　　)。

(A)丝杠　(B) 光杆　(C) 导轨　(D) 滑板

78. 机械进给木框榫开榫机的进给方式有(　　)。

(A)钢丝绳小车进给　(B)液压—钢丝绳小车进给

(C)链条挡块进给　(D)刀架水平往复进给

79. 旋具套筒的种类有(　　)。

(A)星型旋具套筒　(B)花型旋具套筒

(C)十字旋具套筒　(D)六角旋具套筒

80. 木工钻床按照钻轴数目分为(　　)。

(A)单轴钻床　(B)双轴钻床　(C)多轴钻床　(D)卧式钻床

81. 热压机按照压力大小分为(　　)。

(A)微压压机　(B)低压压机　(C)中压压机　(D)高压压机

82. 排钻按照轴数及排数分类,主要类型有(　　)。

(A)单排多轴　(B)双排单轴　(C)双排多轴　(D)多排多轴

83. 以下属于多层压机主机构成的有(　　)。

(A)进给系统　(B)压机本体　(C)液压系统　(D)加热系统

84. 连续压机的优点有(　　)。

(A)生产连续化　(B)产品质量好　(C)板材精度高　(D)生产效率高

85. 胶粘剂的使用特性主要是胶液的(　　)。

(A)固体含量和黏度　(B)活性期

(C)液体含量和强度　(D)固化条件和固化速度

86. 以下属于锯片往复式裁板机优点有(　　)。

(A)通用性强　(B)生产效率高　(C)原材料利用率高　(D)锯切质量好

87. 以下材料可使用精密推台锯裁板锯加工的有(　　)。

(A)板材　(B)塑料板　(C)薄铝板　(D)铝型材

88. 仪表垂直检测尺主要用于墙面、门窗框、装饰贴面等项目的(　　)偏差的检测。

(A)垂直度　(B)顺直度　(C)水平度　(D)平整度

89. 木工车床的调整工作主要有(　　)。

(A)工件的定位　(B)车刀的调整

(C)每转进给量调整　(D)主轴转速调整

90. 木工车床维修时主要维修内容有(　　)。

(A)检查各部分手柄位置是否正确　(B)检查顶尖安装是否牢固

(C)检查尾座及刀架下面是否有木屑　(D)按润滑要求进行润滑

91. 木工机械的擦净方法有如下四个方面的内容:清洁、(　　)。

(A)防腐　(B)紧固　(C)清洗　(D)调整

92. 在木工工具中,螺丝批又叫(　　)。

(A)螺丝刀　(B)旋凿　(C)改锥　(D)起子

93. 圆棒机按照用途分类可以分为(　　)。

(A)加工直线圆柱表面圆棒机

(B)加工具有一定曲率半径的圆柱表面圆棒机

(C)工件端部加工成锥体的圆棒机

(D)工件端部加工成半圆形的圆棒机

94. 木工铣床是一种多功能木材切削加工设备,以下加工属于铣床加工范围的有(　　)。

(A)平面　(B)成型　(C)仿型　(D)曲线外轮廓

95. 横裁圆锯机用于对各种规格的毛料或板材进行横向截断,它分为(　　)两类。

(A)手动进料　(B)辅助进料　(C)机械进料　(D)自动进料

96. 齿连接是通过构件与构件之间直接抵承传力的连接方式,以下属于齿连接的优点的是(　　)。

(A)止水防蚀　(B)传力明确　(C)节省材料　(D)构造简单

97. (　　)是确定螺栓连接的装配画法中零件尺寸的两种方法。

(A)查表法　(B)测算法　(C)公式法　(D)比例法

98. 数控机床主要由(　　)两大部分组成。

(A)数控软件　(B)机床本体　(C)计算机数控系统　(D)加工刀具

99. 木工镂铣床,又称为上轴式木工铣床,主要用于铣削平面、(　　)等用途的木工机床。

(A)曲线表面　(B)开各种腰鼓形的榫槽

(C)钻孔　(D)扩孔

100. 机械进给木工铣床相对手工进给木工铣床的优点有(　　)。

(A)生产效率低　(B)生产效率高　(C)劳动强度大　(D)劳动强度小

101. 木工镂铣机采用专用夹具时,可对以下(　　)进行铣削加工。

(A)外形曲线　(B)内部仿形　(C)花纹雕刻　(D)浮雕

102. 特殊保养分为(　　)。

(A)一级保养　(B)日常保养　(C)换季保养　(D)停放保养

103. 钻床又称打眼机,其操作方式可分为(　　)三种。

(A)脚踏　(B)手扳　(C)半自动　(D)自动

104. 带锯机按工艺要求的不同可分为(　　)。

(A)原木带锯机　(B)细木工带锯机

(C)跑车带锯机　(D)再剖带锯机

105. 排(框)锯主要用于锯割(　　)成为板材或方材。

(A)原木　(B)毛方　(C)坯料　(D)方木

106. 热压机按照工作方式分为:(　　)。

(A)反复压机　(B)周期式压机　(C)连续压机　(D)间断压机

107. 热压机按照加工工艺分为:(　　)。

(A)预压机　(B)冷压机　(C)热压机　(D)空压机

108. 木工机床按照运动时间特性分类,主要分为:(　　)。

(A)连续运动　(B)持续运动　(C)浮动运动　(D)间歇运动

109. 影响磨削质量的因素主要有:磨削速度、进给速度、(　　)等因素。
(A)磨料粒度　(B)磨削压力　(C)木材性质　(D)磨削方式
110. 磨削加工使用的磨料的主要为:(　　)。
(A)刚玉类　(B)金属类　(C)碳化物类　(D)玻璃砂类
111. 带锯机按工艺分类,主要分为:(　　)。
(A)木方带锯机　(B)原木带锯机
(C)再剖带锯机　(D)细木带锯机
112. 按照切削刃相对于铣刀旋转轴线的位置以及切削刃工作时所形成的表面,铣削主要分为:(　　)。
(A)梯形铣削　(B)圆柱铣削　(C)圆锥铣削　(D)端面铣削
113. 按圆锯片相对于木材纤维的锯切方向不同可分为(　　)和纵横锯圆锯片。
(A)直圆锯　(B)纵剖圆锯　(C)横截圆锯　(D)竖切圆锯
114. 楔形切刀主要由三部分组成,分别为(　　)。
(A)前刀面　(B)刀柄　(C)后刀面　(D)切削刃
115. 热磨机的主要构成为:(　　)。
(A)进料装置　(B)预热蒸煮装置　(C)研磨装置　(D)排料装置
116. 我国规定的安全电压等级有(　　)三种。
(A)48 V　(B)36 V　(C)24 V　(D)12 V
117. 事故的分析处理要遵守"四不放过"原则是(　　)。
(A)事故原因没有查清不放过　(B)事故责任者没有严肃处理不放过
(C)广大职工没有受到教育不放过　(D)防范措施没有落实不放过
118. (　　)是减少和防止高处坠落和物体打击事故发生的重要措施。
(A)安全帽　(B)安全带　(C)安全鞋　(D)安全网
119. 木材的外形性能有颜色、(　　)和光泽。
(A)气味　(B)结构　(C)纹理　(D)花纹
120. 木材干燥的三个要素是(　　)。
(A)介质照度　(B)介质温度　(C)介质湿度　(D)气流速度
121. 车辆上常用的人造板有胶合板、(　　)等。
(A)纤维板　(B)细木工板　(C)密度板　(D)塑料贴面板
122. 以木结构中榫头侧面能否见人来分,榫的结构分为(　　)。
(A)闭口榫　(B)开口榫　(C)半闭口榫　(D)半开口榫
123. 以榫头的断面形状来分,榫分为(　　)。
(A)方榫　(B)平榫　(C)圆榫　(D)多边榫
124. 箱框角接合的榫接方法主要有三种,即(　　)。
(A)闭口榫　(B)直角开口榫　(C)明燕尾榫　(D)半隐燕尾榫
125. 木零件长度方向的接合方式主要有(　　)。
(A)齿形榫接合　(B)梯形接合　(C)插接接合　(D)斜口接合
126. 阔叶树木材中多数具有明显的管孔,根据管孔在横切面上排列方式不同分为:(　　)。
(A)环孔材　(B)散孔材　(C)半散孔材　(D)辐射孔材

127. 液压系统中的压力损失有(　　)两种。
(A)导向　　(B)沿程　　(C)端部　　(D)局部
128. 立体划线一般要在(　　)三个方向上进行。
(A)长　　(B)纵　　(C)宽　　(D)高
129. 用机械或手工进行刨加工时,都要按顺纹理选择加工面,否则容易出现(　　)等现象。
(A)啃头　　(B)嵌楂　　(C)崩楂　　(D)毛刺
130. 胶合板的构造原则主要有三条基本原则,(　　)。
(A)对称原则　　(B)奇数层原则　　(C)层的厚度原则　　(D)偶数层原则
131. 螺纹连接的基本类型有(　　)。
(A)螺栓连接　　(B)双头螺柱连接　　(C)螺钉连接　　(D)紧定螺钉连接
132. 按木材开裂的部位和方向,可分为(　　)三种。
(A)径裂　　(B)齿裂　　(C)轮裂　　(D)干裂
133. 木材弯曲可分为(　　)三种类。
(A)褶弯　　(B)顺弯　　(C)横弯　　(D)翘弯
134. 常用木工普通机床主要有(　　)。
(A)带锯机　　(B)圆锯机　　(C)车床　　(D)钻床
135. 常用的单板有(　　)。
(A)锯制单板　　(B)刨切单板　　(C)横切单板　　(D)旋切单板
136. 由于外力作用的不同,使木材产生(　　)等内力。
(A)拉力　　(B)压力　　(C)弯曲　　(D)剪切
137. 以下属于单面压刨床组成的部件有(　　)。
(A)床身　　(B)工作台　　(C)升降机构　　(D)切削机构
138. 压刨床的正确调整对提高工件加工质量至关重要,以下属于压刨床调整内容的有(　　)。
(A)工作台调整
(B)断屑器、压紧器、进给滚筒与刀轴位置的调整
(C)刀片在刀轴上安装与调整
(D)进料速度的调整
139. 以下属于压刨床加工的常见缺陷的有(　　)。
(A)工件表面不平　　(B)进给困难
(C)工件不进给　　(D)刨削平面有凹痕
140. 常用的手工机具有(　　)。
(A)扳手　　(B)钢卷尺　　(C)刨　　(D)锯
141. 建筑用木材按树种类型有(　　)。
(A)灌木　　(B)针叶树　　(C)阔叶树　　(D)铁树
142. 常见的木材缺陷有(　　)及裂纹。
(A)节子　　(B)腐朽　　(C)虫害　　(D)斜纹
143. 木工框锯常用的有(　　)。
(A)粗锯　　(B)中锯　　(C)断肩锯　　(D)绕锯

144. 木工常用的平刨主要有(　　)。
(A)长刨　(B)中刨　(C)短刨　(D)线刨
145. 木料接长采用齿形胶接工艺,工艺过程包括:备料、(　　)、表面加工。
(A)截头　(B)开齿　(C)涂胶　(D)加压
146. 带锯机基本构成主要为锯身、(　　)、锯台和导板等组成。
(A)锯轮　(B)压轮　(C)锯卡　(D)刹车
147. 以下属于典型工件的锯割的方法有(　　)。
(A)曲线锯割法　(B)直内角锯割法　(C)弯料锯割法　(D)斜面锯割法
148. 测量方法的总误差包括(　　)。
(A)系统误差　(B)加工误差　(C)随机误差　(D)定位偏差
149. 螺纹的主要尺寸有(　　)。
(A)大径(D)尺寸　(B)小径(d)尺寸　(C)螺距(t)　(D)导程(S)
150. 木制品产品质量检验的形式可分为(　　)。
(A)型式检验　(B)例行检验　(C)抽样检验　(D)出厂检验
151. 游标卡尺的主要功能(　　)。
(A)外径测量　(B)内径测量　(C)台阶测量　(D)深度测量
152. 套筒按边分可分为(　　)。
(A)六角　(B)八角　(C)十角　(D)十二角
153. 常用的螺钉旋具有(　　)。
(A)一字槽螺钉旋具　(B)十字槽螺钉旋具
(C)弯头螺钉旋具　(D)快速螺钉旋具
154. 曲线锯日常维护项点(　　)。
(A)外壳、手柄等是否有裂缝或破损　(B)电源线和插头是否完好
(C)开关是否正常、灵活　(D)工具转动是否灵活、轻快,无阻滞现象
155. 钻孔完成后孔壁粗糙的原因(　　)。
(A)钻头不锋利　(B)进给量太大
(C)切削液选用不当或供应不足　(D)钻头过短、排屑槽堵塞
156. 加工工序分为(　　)两个方面。
(A)粗加工　(B)毛料加工　(C)净料加工　(D)精加工
157. 木制品制作加工的质量检查方法是(　　)。
(A)隐蔽工程检查　(B)过程控制检查
(C)分项工程检查　(D)预检
158. 毛料的刨削加工是将配料后的毛料经(　　)而成为合乎规格尺寸要求的净料加工过程。
(A)相对面加工　(B)精基面加工
(C)基准面加工　(D)净表面加工
159. 封边机按照部件边沿的形状分为(　　)。
(A)直线平面封边机　(B)立体封边机
(C)单面封边机　(D)直线曲面封边机

160. 以下属于铣床安装操作的有(　　)。

(A)保护罩距离刀轴不小于 10 mm

(B)操作者在主轴没有完全停止转动时,不得离开机床

(C)刀轴安装固定,不能偏摆

(D)主轴支架固定安全可靠,不允许突然松动

四、判断题

1. 木材是由无数木细胞组成的多孔性物质。(　　)

2. 不同树种木材的细胞大小,形状和排列都相同。(　　)

3. 木材干缩率最大的是径向。(　　)

4. 在弦切面板上,年轮线在板面上呈现美丽的花纹,外观质量高。(　　)

5. 树皮对保证树木的正常生长关系极大。(　　)

6. 我们通常所说的“木材”就是指木质部。(　　)

7. 年轮的宽窄与树种和生长环境无关。(　　)

8. 木射线在木材三个不同切面上,呈现出相同的形态。(　　)

9. 根据管孔大小,变化缓急和排列形式,木材可分为环孔材、散孔材、半散孔材和辐射孔材四类。(　　)

10. 桦木是环孔材。(　　)

11. 同一根原木的不同材面,呈现的木花纹是相同的。(　　)

12. 木材花纹不能帮助我们识别木材的树种。(　　)

13. 木材花纹对细木工制品或贴面、镶边等的装饰工艺有重要意义。(　　)

14. 根据年轮宽窄和变化的缓急,木材纹理可分为粗纹理和细纹理。(　　)

15. 红松和阔叶树中的散孔材是粗纹理。(　　)

16. 马尾松和阔叶树中的环孔材是细纹理。(　　)

17. 直纹理木材容易弯曲变形,不易加工。(　　)

18. 斜纹理和乱纹理木材对加工有不利影响。(　　)

19. 木材的结构分粗结构和细结构。(　　)

20. 结构粗糙或不均匀的木材,在加工时不易刨光,表面粗糙不平,油漆无光泽,外观质量差。(　　)

21. 结构细或材质均匀的木材,适合做装饰用。(　　)

22. 木材的气味不可以防止虫害。(　　)

23. 我们可以从木材颜色、材质软硬,结构粗细等方面识别木材。(　　)

24. 红松材质坚硬,边材黄白色,微带红褐色结构较粗。(　　)

25. 落叶松材质轻软,边材浅黄褐色,微带红褐色,纹理直结构中等。(　　)

26. 对于特征不熟悉的树种,通常可以利用“木材检索表”去查对。(　　)

27. 红松主要用于客货车梁柱、挡木、脚踏板、垫木、枕木等。(　　)

28. 落叶松主要用于客货车地板。(　　)

29. 桦木主要用于制作胶合板。(　　)

30. 木材的物理特征包括干缩与湿胀及其强度大小。(　　)

31. 木材的硬度是衡量木材抵抗外力作用而产生凹入变形的程度，即表示木材抗凹的能力。(　　)
32. 木材的抗压强度，在木材顺纹方向比横纹方向大。(　　)
33. 木材的主要缺陷有三种。(　　)
34. 木材的腐朽主要原因是菌虫的侵蚀和繁殖。(　　)
35. 木节对原木、方材或板材的不利影响是相同的。(　　)
36. 对有缺陷木材的合理利用，是节约木材、保证产品质量的途径之一。(　　)
37. 空心腐朽原木，必须四面扒皮下料锯制，以使其充分利用。(　　)
38. 有缺陷的木材，可以任意修补。(　　)
39. 原木出材率是锯出的成材材积与所用原木材积的百分比。(　　)
40. 计算原木材积时在小头检尺，原条在中央检尺。(　　)
41. 木材的保管与防腐主要是指原木和成材的保管木材的防火与防腐。(　　)
42. 成材堆放场应留有适当的安全通道。(　　)
43. 木材加工的剩余物不可以再利用。(　　)
44. 胶合板消除了木材的各向异性的缺点。(　　)
45. 木材的人工干燥法按加热方式分应用较多的有热风、蒸汽、远红外线、真空干燥法等。(　　)
46. 通常原木的含水率均在70%以上。(　　)
47. 起吊物件尚在地面，可以行车。(　　)
48. 机械制图中，图纸的形状有粗实线、细实线、波浪线、双折线、虚线以及粗、细、双点划线。(　　)
49. 新国标中对剖视图只采用全剖视图、半剖视图和局部视图。(　　)
50. 剖面图和剖视图是一个概念。(　　)
51. 标有“A 向旋转”字样的视图一定是旋转视图。(　　)
52. 1∶2 表示图样中机件要素的线性尺寸是实际机件相应的线性尺寸的 2 倍。(　　)
53. 零件图上尺寸公差与配合，形状与位置公差属于技术要求的内容。(　　)
54. 在基本几何体中，一面投影为等腰三角形，则此几何体一定是棱锥。(　　)
55. 棱锥体表面取点可用辅助素线法与棱柱体相同。(　　)
56. 测绘零件时，重要表面的基本尺寸、尺寸公差、形位公差等，应查阅有关设计手册。(　　)
57. 标准公差可以确定公差带的位置。(　　)
58. 所有位于零件线以上的公差带，基本偏差为上偏差。(　　)
59. 在配合代号中，分子代号“H”分母有代号“h”的既是基孔制也是基轴制。(　　)
60. 孔轴公差带由“公差带的大小”和“公差带的位置”两个独立要素组成。(　　)
61. 公差等级为 7 级的孔可与同级，也可同高一级的轴配合。(　　)
62. 图样上未注公差的尺寸也是有公差的。(　　)
63. 在形位公差的测量中，基准的体现形式只能采用直接法。(　　)
64. 交流电的频率都是 50 Hz。(　　)
65. 同一电源的正极电位永远高于其负极电位。(　　)

66. 一台发电机只能产生一个交变电动势。（ ）
67. 三相负载的接法是由电源电压决定的。（ ）
68. 当电源电压为 380 V，负载的额定电压为 220 V 时，应作三角形联接。（ ）
69. 当电源电压为 380 V，负载的额定电压也为 380 V 时，应作星形联接。（ ）
70. 正弦交流电的三要素是最大值、角频率和初相角。（ ）
71. 变压器的作用就是变换交变电压。（ ）
72. 变压器两端的绕组之比称为变比。（ ）
73. 变压器的主要作用是绝缘。（ ）
74. 电动机的定子绕组是电动机的电路部分。（ ）
75. 电动机的转子起输出机械转矩的作用。（ ）
76. 各种机械设备中，使用最多的是三相异步电动机。（ ）
77. 当设备需要恒速，大功率长期连续工作时，应使用异步电机作动力设备。（ ）
78. 钳加工不属于机械加工。（ ）
79. 基准部件是装配工作的基础。（ ）
80. 确定部件装配顺序的一般原则是先上后下，从里向外。（ ）
81. 零件的加工质量主要是指加工精度的高低。（ ）
82. 零件加工质量的好坏主要取决于机床的精度。（ ）
83. 任何一种热处理都包括加热、保温和冷却三个阶段。（ ）
84. 去除应力退火也称“时效”。（ ）
85. 退火比正火的冷却速度快。（ ）
86. 以改善切削性能为主要目的时，中、低碳钢都宜采用正火。（ ）
87. 将铸铁工件在室温下长时间保存，可以改变它的性能、形状和尺寸。（ ）
88. 灰口铸铁也可以进行热处理。（ ）
89. 碳素工具钢淬火后，有时需要回火，有时不需要回火。（ ）
90. 钢的氧化处理后，除精磨和研磨外，不再进行其他机械加工。（ ）
91. 发黑处理的发黑层薄膜的颜色只有黑色。（ ）
92. 木工机械可以不必经常保持润滑。（ ）
93. 木工机械常用机械油有 HJ—10，HJ—20，HJ—30 等。（ ）
94. 木工机械常用钠基润滑脂有 ZN—2，ZN—3，ZN—4 等。（ ）
95. 一般木工机械的润滑部位有：丝杆、光杆、导轨、滑板、外露油杯、油皿、注油孔等。（ ）
96. 平刨机和圆锯一般采用电动机通过皮带传动使主轴旋转，电动机皮带轮越大，主轴转速越高。（ ）
97. 平皮带传动多用于传动距离较小的场所。（ ）
98. 三角形皮带按断面尺寸分为 O、A、B、C、D、E、F 七种，C 型比 D 型带断面尺寸大。（ ）
99. 链传动可以保持准确的传动比。（ ）
100. 摩擦传动可以传递较大的扭矩。（ ）
101. 齿轮传动的传动比最准确，但制造成本相对较高。（ ）

102. 皮带传动中,包角越小,皮带的拉力越小。( )
103. 锯削、刨削、铣削、钻削及磨削等都属于无切屑的切削。( )
104. 剪切、冲压、冲孔等都属于有切屑的切削。( )
105. 木工刀具一般有机械木工加工刀具和手工木工加工刀具。( )
106. 高速钢制造的木工刀具,切削速度要小些。( )
107. 用旋转刀具切削时,刀具的转速与被加工件表面的质量有关,与刀具的数目无关。( )
108. 木工机械加工主要是改变木材的外形及其尺寸。( )
109. 影响切削加工质量的主要因素有五种。( )
110. 在刨削加工中,应避免逆纹切削。( )
111. 湿材加工时切削阻力小。( )
112. 湿材加工时,切削阻力小,机床电机负荷也减少。( )
113. 机械加工木材时,木材与刀具的相对运动的速度在切削过程中对加工质量均有影响。( )
114. 在其他条件相同的情况下,进给速度越快,木材表面加工质量越好。( )
115. 在其他条件相同的情况下,切削速度越快,木材表面加工质量越差。( )
116. 跑车带锯机跑车上的车摆,其作用是在退车时,使跑车向外摆动一定距离,以防木料碰撞锯条。( )
117. 带锯机的压铊是自动张紧锯条的调整装置。( )
118. 摇尺机构只有电动一种形式。( )
119. 对有缺陷的原木,应该根据缺陷具体情况,合理下锯。( )
120. 弯曲原木应采取先截断后锯割。( )
121. 缓弯原木和急弯原木的截断方法是一致的。( )
122. 对有死节或漏节的原木,下锯时一般应使锯路(板材宽面)与节子轴心线成垂直方向进行锯割。( )
123. 木工平刨床可以加工工件的曲面。( )
124. 检查刨削两邻面是否垂直,可用直角尺进行检查。( )
125. 刨削长度在 300 mm 厚度在 15 mm 以下的工件可以在平刨上加工。( )
126. 四面刨床不适于零星小批量生产。( )
127. 容易切削的木材,进给速度可选得小一些。( )
128. 压刨机主要是将工件制成一定厚度和宽度。( )
129. MB1025 木工光刨机适用于板方材的粗刨加工。( )
130. MJ224 摇臂式万能木工圆锯机,它既可用圆锯片的纵割,横割各种角度的方材板材,又可用铣刀钻头铣削槽孔或榫头,可以完成几种类型的木工机械加工。( )
131. 开榫机操作时,如遇硬木或有节疤的木料不用减速。( )
132. 液压榫槽机机头滑板的往复运动是由液压系统来完成的。( )
133. 一般情况下,树木的心材较硬,含水较少,而边材部分材质松软,含水率较高。( )
134. 工作场地保持清洁,有利于提高工作效率。( )
135. 木工铣床是一种低速机械。( )

136. 铣削工件时，遇有加工不顺利情况，可以中途退回。（ ）
137. 木工铣床的润滑油主要靠自身油泵供给。（ ）
138. 刃磨不同的刀具对砂轮的形状磨料硬度、粒度要求也不同。（ ）
139. 砂轮的特点是脆性大，受冲击容易碎裂。（ ）
140. 生产管理是企业管理中一项复杂的工作。（ ）
141. 互换性要求工件有一定的加工精度。（ ）
142. 零件的实际偏差只要小于公差，零件的尺寸就合格。（ ）
143. 一张生产用装配图纸必须有标题栏。（ ）
144. 锉刀涂油可使锉刀锋利。（ ）
145. 木工常用的连接方法有榫接合、胶粘接、钉接合、螺钉接合及其他金属连接件接合。（ ）
146. 拆卸快脱棘轮扳手可直接拔出扳头。（ ）
147. 直槽丝锥选用切削锥短一些的，这样分担切削负荷的齿多一些，使用寿命也长一些。（ ）
148. 螺尖丝锥加工螺纹时切屑向前排出。（ ）
149. 挤压丝锥底孔过大，基础金属量少，丝锥空载，易造成丝锥折断。（ ）
150. 由于是挤压成型，需要较高的“挤压力”，因此，挤压丝锥普遍制成大规格丝锥，一般M12以上。（ ）
151. 螺纹是机械零件连接最常见的方法，而丝锥又是加工内螺纹最常用的工具。（ ）
152. 攻丝时要注意使螺纹孔中心线置于水平或竖直位置，使攻丝容易判断丝锥轴线是否垂直于工件的平面。（ ）
153. 机攻时，丝锥的校准部分不能全部出头，否则在反车退出丝锥时会产生乱牙。（ ）
154. 因为角磨机转速高，使用锯片、切割片时必须用力加压。（ ）
155. 钻孔前必须先打中心点，其目的为容纳静点，避免钻头静点触底，可导引钻头在正确的钻孔位置上。（ ）
156. 钻削时钻头折断，可能是钻唇间隙角太小或钻削速度太高，进刀大或钻头已钝化又继续加压切削等所致。（ ）
157. 投影法分为垂直投影法和平行投影法两大类。（ ）
158. 齿形胶接是一种将短料拼接成长料的接长方法。（ ）
159. 结构装配图要标出产品结构的整体总长、总宽、总高。（ ）
160. 錾切平面每次的錾削余量不大于0.5 mm。（ ）
161. 锯条锯齿错开排列可以提高锯条的使用寿命。（ ）
162. 手动攻丝时，当丝锥已切入底孔后两手就不必再施加压力而只是均匀地旋转铰手。（ ）
163. 间隙配合为孔的公差带在轴的公差带上。（ ）
164. 点铆防松是一种可拆卸的防松方式。（ ）
165. 钢件钻孔的进给量应该比钻同一直径铸铁孔的进给量要大。（ ）

五、简 答 题

1. 简述樟子松的木质性能和用途。

2. 简述乔木分哪两大类。它们在树木形态上有什么不同。
3. 简述桦木的木质性能和用途。
4. 简述封边机的种类。
5. 简述什么是多轴钻床。
6. 简述木材的物理性能包括哪些。
7. 简述木材强度的力学性能包括哪些。
8. 简述木材的两性是什么。
9. 简述常用铣刀种类。
10. 简述什么是整体铣刀。
11. 简述人造板材的种类、优点和用途。
12. 简述湿荒材如何保管。
13. 简述什么是封边机。
14. 简述装配图的特殊表达方法是什么。
15. 简述画零件工作图的步骤是什么。
16. 简述表面粗糙度产生的原因。
17. 简述什么是胶合板。
18. 简述什么是三相交流电路。
19. 简述星接线线电流与相电流的关系。
20. 简述三角形接法其线电压与相电压的关系。
21. 简述钢的化学热处理。
22. 简述碳素工具钢的用途和性能。
23. 简述什么是基准,机械加工工艺基准有哪几种。
24. 简述砂轮的成分是什么。砂轮的选择主要有哪些内容。
25. 简述变速机构。
26. 简述变向机构。
27. 简述木框榫开榫机的种类。
28. 简述四面刨床的种类。
29. 简述齿轮传动按齿轮的形状可分成哪几种。
30. 简述蜗杆传动的优点。
31. 简述蜗杆传动的缺点。
32. 简述一般木工机械的润滑部位有哪些。
33. 简述平皮带传动中,皮带拉力与包角的关系是什么。
34. 简述正齿轮传动特点。
35. 简述常用三角皮带的型号。
36. 以 MJ3215B 跑车带锯机为例简述锯机主机的构造。
37. 简述 MJ3215B 跑车的构造。
38. 简述跑车的作用。
39. 简述带锯机上下锯轮的结构有什么区别。
40. 简述四面刨床的结构。

41. 简述基本木工量具的种类。
42. 简述铁路车辆产品制材的板材厚度规格有哪些。
43. 简述 MJ224 摇臂式万能木工圆锯机的加工范围。
44. 简述 MJ224 摇臂式万能木工圆锯机的构造。
45. 简述 MJ224 摇臂式万能木工圆锯机的主要技术规格。
46. 简述 MB506 木工平刨机的加工作用。
47. 简述 MB506 木工平刨机的构造。
48. 简述 MB506 木工平刨机的技术规格。
49. 简述木工压刨机的加工作用。
50. 简述最大刨削宽度 600 mm 的单面、双面、三面压刨用代号怎样表示。
51. 简述 MB402 四面刨床的主要技术规格。
52. 简述木工光刨机的加工作用。
53. 简述 MB6025 木工光刨机的主要技术规格。
54. 简述榫槽机按进给方式分为几种。
55. 简述 MS3626 型立式单轴榫槽机的构造。
56. 简述什么是单一配料法。
57. 简述开榫机的加工作用，有哪些种类。
58. 简述螺纹连接的基本类型有哪些。
59. 简述螺纹连接常用的防松方法有哪些。
60. 简述木工铣床的加工作用。
61. 简述 MX519 木工铣床的主要技术规格。
62. 简述 MC614 木工车床的加工范围。
63. 简述 MC614 木工车床的构造。
64. 简述 MC614 木工车床的主要技术规格。
65. 简述什么是纵向切削。
66. 简述什么是横向切削。
67. 简述什么是端向切削。
68. 简述木材切削表面质量与车刀数目、刀具转速及进料速度的关系是什么。
69. 简述影响切削加工质量的主要因素有哪些。
70. 简述木工常用的连接方法有哪些。

六、综 合 题

1. 试述木材为什么要干燥。
2. 试述节子对木材的加工和木材强度有什么影响。
3. 试述原木的长度检量方法是什么。
4. 试述木制品榫卯接合的一般经验。
5. 试述装配图的规定画法是什么。
6. 试述阅读电气控制线路原理图的步骤。
7. 试述液压油的特性有哪些。

8. 试述选用液压油时应考虑因素。
9. 试述带锯机上下锯轮的结构为什么有区别。
10. 试述影响原木锯材率的主要因素有哪些。
11. 试述 MS3626 型立式单轴榫槽机的操作与维护。
12. 试述使用电钻的注意事项。
13. 根据立体图图 1 画三视图。

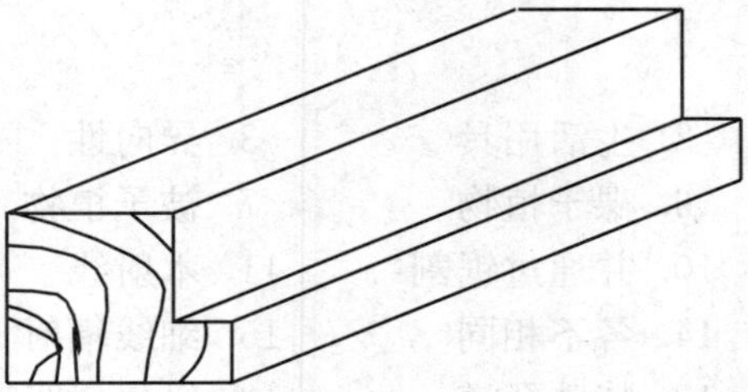

图 1

14. 试述划线的作用。
15. 试述操作带锯机时为什么要有安全操作规程。
16. 试述单一配料法和综合配料法的特点。
17. 试述跑车带锯机操作技术要点是什么。
18. 试述带锯机的锯卡如何调整。
19. 试述带锯机安全操作技术规程。
20. 试述带锯机锯条产生断裂的原因是什么。
21. 试述防止或排除带锯条断裂的方法是什么。
22. 试述带锯机操作时发生掉条的原因是什么。
23. 试述防止或排除掉条的方法是什么。
24. 试述带锯机操作时产生锯路弯曲的原因是什么。
25. 试述防止或排除锯路弯曲的方法是什么。
26. 试述四面刨开车前应调整哪些项目。
27. 试述四面刨加工制品,常见加工缺陷、产生的原因及排除方法。
28. 试述压刨机下进料滚筒高出工作台面多少为适宜。过高过低有什么害处。
29. 试述压刨常见加工缺陷、产生的原因及排除方法。
30. 试述平刨刨刀安装应达到哪些要求。
31. 试述怎样做好木工铣床的安全技术操作。
32. 试述放样图与工作图的区别与联系是什么。
33. 试述什么是放样划线基准。基准线必须符合什么情况。
34. 试述什么是木材的天然干燥法。
35. 试述什么是木材的人工干燥法。

机械木工(中级工)答案

一、填 空 题

1. 加工特点	2. 生活用具	3. 异向性	4. 木本植物
5. 木质藤木	6. 裸子植物	7. 被子植物	8. 三个
9. 垂直锯割	10. 并通过锯割	11. 木射线	12. 年轮
13. 与年轮圆弧线相切	14. 各不相同	15. 细线辐射	16. 横行的短带形
17. 木棱形或细线条形	18. 特殊孔道	19. 纵生树脂道	20. 垂直方向
21. 平行	22. 影响油漆装饰	23. 管孔	24. 有孔材
25. 无孔材	26. 散孔材	27. 散孔材	28. 髓心
29. 花纹	30. 木材的树种	31. 木材细胞	32. 粗纹理
33. 粗纹理	34. 细纹理	35. 细纹理	36. 木材结构
37. 粗结构	38. 细结构	39. 均匀结构	40. 均匀结构
41. 不均匀结构	42. 不均匀结构	43. 木材颜色	44. 新锯割的材面
45. 木材的色素	46. 美观的材色	47. 木材细胞	48. 木材的气味
49. 容重	50. 细胞壁厚,孔隙小	51. 细胞壁薄,孔隙大	
52. 木材强度	53. 强度大	54. 强度小	55. 强度要求高
56. 容重轻	57. 变形	58. 开裂	59. 525 kg/cm^2
60. 765	61. 1 200 kg/cm^2	62. 25～30 kg/cm^2	63. 横纹抗剪强度
64. 木材的剪断强度	65. 外观质量	66. 薄板	67. 特厚板
68. 投影面平行	69. 投影面垂直	70. V	71. 相贯线
72. 基本几何体	73. 定形尺寸	74. 全剖视	75. 半剖视
76. 阶梯剖	77. 基孔制	78. 基孔(基准孔)	79. 基轴(基准轴)
80. 表面粗糙度	81. $V=a^3$	82. $V=abh$	83. $V=\pi R^2 H$
84. 电力系统	85. 用电设备	86. 升高	87. 高
88. 电路	89. 通路	90. 短路	91. 电源
92. 负荷指向正极	93. 10 V	94. 0.2 A	95. 88 Ω
96. 0.1 度	97. 10 V	98. 满载	99. 回火处理
100. 内应力	101. 皮带传动	102. 平皮带传动	103. 开口皮带
104. 交叉皮带	105. 半交叉皮带	106. 链传动	107. 齿形链
108. 齿轮传动	109. 平行	110. 相交	111. 齿条传动
112. 固态的黄甘油	113. 相对运动	114. 粘度大	115. 恩氏粘度
116. 木工双面刨床	117. 木工立式榫槽机	118. 木工铣床	119. 配件毛料
120. MJ3215A	121. 主动轮	122. 横截	123. 摇尺机构

124. 锯割精度	125. 500～900 转	126. 锯机振动	127. 锯材率高
128. 阳面	129. 阴面	130. 死节和漏节	131. 细木加工
132. 细木小料	133. 几个工件	134. 安装摸板	135. 厚度和宽度
136. 滚筒旋转	137. 平面或成型面	138. 机械送料	139. 开榫机
140. 燕尾榫机	141. 凿方孔及长槽	142. 无切屑的切削	143. 端面
144. 握钉力	145. 石灰和桐油	146. 各种曲线工件	147. 车制(旋制)
148. 电源	149. 300 mm	150. 地势高，排水和通风	
151. 树种、等级、长度	152. 腐朽、开裂、变形	153. 长宽高	154. 清洗剂
155. 工艺流程	156. 平行	157. 活动	158. 资源
159. 合金元素	160. 毫米	161. 自身形变	162. 小于
163. 高度	164. 布置视图	165. 转速	

二、单项选择题

1. A	2. C	3. D	4. D	5. A	6. D	7. A	8. C	9. B
10. A	11. B	12. C	13. A	14. D	15. C	16. A	17. B	18. C
19. B	20. B	21. C	22. B	23. D	24. B	25. D	26. B	27. C
28. C	29. B	30. A	31. B	32. A	33. D	34. D	35. D	36. B
37. C	38. C	39. B	40. D	41. B	42. A	43. D	44. B	45. D
46. C	47. C	48. C	49. C	50. B	51. C	52. C	53. B	54. D
55. D	56. D	57. D	58. C	59. C	60. A	61. D	62. A	63. D
64. B	65. D	66. C	67. D	68. A	69. A	70. A	71. B	72. B
73. A	74. A	75. A	76. B	77. C	78. C	79. D	80. B	81. D
82. B	83. B	84. A	85. B	86. B	87. B	88. B	89. B	90. C
91. D	92. B	93. B	94. A	95. C	96. A	97. A	98. C	99. C
100. B	101. C	102. C	103. D	104. C	105. B	106. A	107. A	108. C
109. B	110. B	111. C	112. B	113. C	114. B	115. D	116. D	117. B
118. B	119. C	120. B	121. A	122. B	123. B	124. D	125. C	126. C
127. A	128. B	129. C	130. C	131. C	132. C	133. B	134. A	135. A
136. A	137. B	138. C	139. D	140. B	141. C	142. B	143. D	144. B
145. D	146. C	147. A	148. A	149. B	150. C	151. B	152. B	153. C
154. C	155. A	156. D	157. A	158. B	159. C	160. D	161. B	162. C
163. D	164. B	165. D	166. C	167. B	168. D	169. A		

三、多项选择题

1. ABD	2. ABD	3. ABCD	4. AC	5. ACD	6. BC	7. ABCD
8. ABC	9. BCD	10. ACD	11. ABCD	12. ABCD	13. BD	14. ABCD
15. AC	16. ABCD	17. ABCD	18. ABCD	19. ABCD	20. ABCD	21. ABCD
22. ABD	23. BC	24. AD	25. AB	26. ABCD	27. ABCD	28. BCD
29. ABCD	30. ABC	31. AC	32. ABCD	33. ABCD	34. BCD	35. ABC

36. ABC 37. ABCD 38. BC 39. BCD 40. ABCD 41. ABCD 42. BCD
43. ABCD 44. ABCD 45. AC 46. ABCD 47. ABC 48. ABC 49. AB
50. ABCD 51. BCD 52. ABCD 53. CD 54. ABCD 55. ABD 56. BCD
57. CD 58. ACD 59. ABCD 60. BD 61. ACD 62. ACD 63. CD
64. ABCD 65. ABD 66. BC 67. CD 68. ABD 69. CD 70. ABCD
71. ABC 72. ABCD 73. AC 74. ABCD 75. AC 76. AC 77. ABCD
78. ABCD 79. ABCD 80. ABC 81. BCD 82. ACD 83. BCD 84. ABCD
85. ABD 86. ABCD 87. ABCD 88. AD 89. ABCD 90. ABCD 91. ABD
92. ABCD 93. ABCD 94. ABCD 95. AC 96. BCD 97. AD 98. BC
99. ABCD 100. BD 101. ABCD 102. CD 103. ABC 104. ABD 105. AB
106. BC 107. ABC 108. AD 109. ABCD 110. ACD 111. BCD 112. BCD
113. BC 114. ACD 115. ABCD 116. BCD 117. ABCD 118. ABD 119. ABCD
120. BCD 121. ABD 122. ABC 123. BC 124. BCD 125. AD 126. ABCD
127. BD 128. ACD 129. ABCD 130. ABC 131. ABCD 132. ACD 133. BCD
134. ABCD 135. ABD 136. ABCD 137. ABCD 138. ABCD 139. ABCD 140. ABCD
141. BC 142. ABCD 143. ABCD 144. ABC 145. ABCD 146. ABCD 147. ABCD
148. AC 149. ABCD 150. AD 151. ABCD 152. AD 153. ABCD 154. ABCD
155. ABCD 156. BC 157. ACD 158. AC 159. AD 160. ABCD

四、判 断 题

1. √ 2. × 3. × 4. √ 5. √ 6. √ 7. × 8. × 9. √
10. × 11. × 12. × 13. √ 14. √ 15. × 16. × 17. × 18. √
19. √ 20. √ 21. √ 22. × 23. √ 24. × 25. × 26. √ 27. ×
28. × 29. √ 30. √ 31. √ 32. √ 33. × 34. × 35. √ 36. √
37. √ 38. × 39. √ 40. √ 41. √ 42. √ 43. × 44. √ 45. √
46. √ 47. × 48. √ 49. √ 50. × 51. × 52. × 53. √ 54. ×
55. × 56. √ 57. × 58. × 59. √ 60. √ 61. × 62. √ 63. ×
64. × 65. √ 66. × 67. × 68. × 69. × 70. √ 71. × 72. ×
73. × 74. √ 75. √ 76. √ 77. × 78. √ 79. √ 80. √ 81. ×
82. × 83. √ 84. √ 85. × 86. × 87. √ 88. √ 89. × 90. √
91. × 92. × 93. √ 94. √ 95. √ 96. √ 97. × 98. × 99. √
100. × 101. √ 102. √ 103. × 104. × 105. √ 106. × 107. × 108. √
109. √ 110. √ 111. × 112. × 113. √ 114. × 115. × 116. √ 117. √
118. × 119. √ 120. √ 121. × 122. √ 123. √ 124. √ 125. × 126. √
127. × 128. √ 129. × 130. √ 131. × 132. √ 133. √ 134. √ 135. ×
136. × 137. √ 138. √ 139. √ 140. √ 141. √ 142. × 143. √ 144. ×
145. √ 146. √ 147. √ 148. √ 149. × 150. × 151. × 152. √ 153. ×
154. × 155. × 156. × 157. × 158. √ 159. √ 160. × 161. √ 162. √
163. √ 164. × 165. ×

五、简 答 题

1. 答:樟子松又叫蒙古赤松(1 分),主要产于我国东北兴安岭,其材质比红松略硬,纹理直,结构中等,易加工,耐火性强(2 分),主要用于客、货车的梁柱、枕木、胶合板等(2 分)。

2. 答:乔木分两大类,即针叶树和阔叶树(2 分)。针叶树和阔叶树在树木形态上各不相同:针叶树的叶子主要是针形,平行叶脉,故称"针叶树"(1.5 分);阔叶树的叶子是大小不同的片状叶,网状叶脉(1.5 分)。

3. 答:桦木叫白桦(1 分)。其材质纹理直,结构细;易干燥,干燥中不易翘曲,不易开裂;切削面光滑(3 分)。主要用于制作胶合板(1 分)。

4. 答:封边机按操作方式分为手动、机械和自动三种(1.5 分);按加热方式分为电阻加热式、低电压加热式和高频加热式(1.5 分);按板式部件边沿的形状分为直线平面封边机、直线曲面封边机、旋转式圆弧封边机等(2 分)。

5. 答:有多个钻轴的立钻叫做多轴钻床。(5 分)

6. 答:包括木材的外形性能,含水量,木材的水分及其干缩湿胀现象,木材的容重等。(总分 5 分,每项 1 分)

7. 答:木材有抗拉、抗压、抗弯、抗剪、抗凹等强度性能。(总分 5 分,每项 1 分)

8. 答:木材的两性是异向性和变异性(1 分)。异向性是指木材在不同的方向的物理力学性质的不同(2 分)。变异性是指不同树种或同一树种的木材因为产地生长条件和树干中的部位不同,性质也会有差异(2 分)。

9. 答:常用的铣刀有整体铣刀、装配铣刀和组合铣刀三种。(总分 5 分,少答 1 项扣 1.5 分)

10. 答:整体铣刀是指刀体和刀刃用同一材料制成的铣刀。(5 分)

11. 答:人造板的种类很多,其中常用的有胶合板、刨花板、纤维板、竹材板(1.5 分);人造板具有幅面大、质地均匀、变形小、强度高等优点(2 分);广泛用于室内装饰、家具、车厢、船舶等的内墙板(1.5 分)。

12. 答:湿荒材应按规格、种类分别堆放(2 分);对于进行天然干燥的湿荒材应按天然干燥堆垛,要求选择地势干燥,通风良好的地方进行堆码,垛底层应离开地面 300~500 mm 以上(3 分)。

13. 答:封边机是将板式部件的周边(1 分)用封边材料在加热加压条件下(1 分),快速牢固地粘接在一起(1 分),然后截去多余的封边材料(1 分),并对其边沿进行修饰的多工序的联合加工设备(1 分)。

14. 答:(1)沿零件结合面剖切和拆卸画法。

(2)假想画法。

(3)展开画法。

(4)夸大画法。

(5)简化画法。

(总分 5 分,每项 1 分)

15. 答:(1)选择比例和图幅。

(2)选定主视图及表达方案,布置图面完成底稿。

(3)检查底稿,标注尺寸和技术要求后描深图形。

(4)填写标题栏。

(总分 5 分,少答 1 项扣 1 分)

16. 答:表面粗糙度反映的是零件被加工表面上的微观几何形状误差(2 分)。表面粗糙度主要是由于加工过程中刀具和零件表面间的摩擦,切屑分离时表面金属层的塑性变形及工艺系统的高频振动等原因形成的(3 分)。

17. 答:胶合板是将原木蒸煮软化(1 分),沿年轮切成大张薄片(1 分),经过干燥、整理、涂胶、组坯、热压、锯边而成的人造板材(3 分)。

18. 答:在三相交流电路中同时有三个电动势在作用(1 分)。这三个电动势的幅值相等,频率一样,彼此间有 120°的相位差,称之为三相对称电动势,简称三相电动势(3 分)。将三相电动势的电源与负载按一定方式联接起来,就组成三相交流电路(1 分)。

19. 答:星形接法中,线电流就是相电流,即:$I_{线}=I_{相}$。(5 分)

20. 答:电压关系:$U_{线}=U_{相}$。(5 分)

21. 答:将工件放在一定的活性介质中加热(1 分),使某些元素渗入工件表层(1 分),以改变表层化学成分和组织(1 分),从而改善表层性能的热处理工艺(1 分)称为化学热处理(1 分)。

22. 答:碳素工具钢用来制造刀具和工具(2 分),其性能是强度高、耐磨性好,具有一定的韧性(3 分)。

23. 答:基准即为确定零件或部件上某些点、线、面的位置时所依据的该零件或部件上的点、线、面(3 分)。工艺基准中常用的是工序基准、定位基准和测量基准(2 分)。

24. 答:砂轮是由磨料和粘结剂粘结而成的(2 分)。砂轮的选择主要包括砂轮种类的选择、砂轮硬度的选择、砂轮粗细的选择和砂轮组织的选择四个方面(3 分)。

25. 答:所谓变速机构就是指在输入转速不变的条件下(2 分),使从动轮(轴)得到不同转速的传动装置(3 分)。

26. 答:所谓变向机构是指在输入旋转方向不变的条件下(2 分),改变从动轮(轴)旋转方向的位置(3 分)。

27. 答:木框榫开榫机可分为单面开榫机和双面开榫机两类。(5 分)

28. 答:四面刨床一般分为轻型、中型和重型三种。(5 分)

29. 答:可分为:正齿轮传动;螺旋齿轮传动;圆锥齿轮传动;蜗杆传动。

(总分 5 分,少答 1 项扣 1 分)

30. 答:(1)结构紧凑占地小,在紧凑的传动中,能获得较高的传动速比。

(2)具有自锁性。

(3)运转平稳,工作无噪声。

(总分 5 分,少答 1 项扣 1.5 分)

31. 答案:(1)传动效率低。

(2)传输的功率比齿轮小。

(3)长期连续工作时产生强烈的热量。

(总分 5 分,少答 1 项扣 1.5 分)

32. 答:丝杆、滑板、导轨、光杆、外露的轴承、齿条、齿轮、链条及油杯油盅、注油孔等。(总分 5 分,答对 5 项即得满分)

33. 答:皮带拉力的大小与小皮带轮的包角大小有着密切关系(2 分),包角越小,拉力越小,反之越大,一般包角不得小于 120°(3 分)。

34. 答:正齿轮传动是一种常用的齿轮传动(1 分)。它的特点是该齿轮上面的齿是直的,与轴线平行(2 分),用于两轴平行的场合,传动时两轴的旋转方向相反(2 分)。

35. 答:常用三角皮带的型号为 O、A、B、C、D、E、F。(5 分)

36. 答:主机主要由机座、锯身、上下锯轮、卡车装置、上锯轮升降机构、压铊自动和紧锯条机构、电动机等部分组成。(总分 5 分,答对 5 项即得满分)

37. 答:跑车主要由车架、车桩、卡木机构、摇尺机构、车摆(自动退避装置)、翻木装置、行车和传动装置组成。(总分 5 分,答对 5 项即得满分)

38. 答:跑车是制材带锯不可缺少的重要机构(1 分)。跑车的作用是支承原木(2 分),使原木作纵向进给和横向进尺的运动(2 分)。

39. 答:带锯机下锯轮通常采用幅板式实心铸铁结构(2 分),而上锯轮通常采用幅条式铆焊结构(2 分),其重量约为下锯轮的三分之一(1 分)。

40. 答:四面刨床主要由切削机构、进给机构、导向装置、断屑器、压紧装置、升降机构、工作台和床身等组成。(5 分)

41. 答:基本木工量具有钢卷尺、钢直尺、角尺、三角尺、活动角尺、墨斗、划子等。(总分 5 分,答对 5 项即得满分)

42. 答:

软木:16 mm、19 mm、24 mm、30 mm、34 mm、46 mm、56 mm、110 mm。(2.5 分)

硬木:13 mm、17 mm、22 mm、26 mm、35 mm、41 mm、45 mm、50 mm、55 mm、62 mm、75 mm、110 mm。(2.5 分)

43. 答:本机是一种多功能的木工圆锯机(1 分),它既可用于圆锯机的纵割或横割各种角度的方材、胶合板板材(2 分),又可利用铣刀、钻头铣削槽孔或榫头,可以完成几种类型的木工机械的加工(2 分)。

44. 答:主要由机架、工作台、悬臂、电动机和托架等组成。(总分 5 分,每项 1 分)

45. 答:最大锯片直径:ϕ400 mm;主轴转数:2 930 r/min;悬臂升降距离:425 mm;电机沿悬臂移动距离:670 mm;主轴距工作台高度 100～535 mm;电动机功率:3.2 kW。(总分 5 分,每项 1 分)

46. 答:本机是手动送料的普通木工平刨机床,用于刨平工件的基准面和与基准面成任意角度(通常为直角)的相邻平面的加工(3 分)。广泛用于各种家具、客车木模、建筑等行业的木材加工车间。(2 分)

47. 答:主要由机座、前后工作台、刀轴、靠山、工作台面升降机构、防护罩、电动机等组成。(总分 5 分,答对 5 项即得满分)

48. 答:最大刨削宽度:630 mm;两工作台总长:240 mm;最大刨削量:5 mm;刀片数:4;刀轴转速:6 000 r/min;刀轴切削直径:120 mm;两工作台最小距离:65 mm;电动机功率:4 kW。(总分 5 分,答对 5 项即得满分)

49. 答:压刨机主要是将工件制成一定的厚度和宽度。(5 分)

50. 答:MB106——单面压刨床;MB206——双面压刨床;MB306——三面压刨床。(总分 5 分,少答 1 项扣 1.5 分)

51. 答:刨削宽度:25～200 mm;刨削厚度:10～80 mm;最短刨削长度:260 mm;刀轴转速:上刀轴 6 000 r/min,下刀轴 5 000 r/min;进给速度:7～40 m/min;电动机功率:27.5 kW。(总分 5 分,答对 5 项即得满分)

52. 答:木工光刨机用于精刨加工各种板、方材。(5 分)

53. 答:工件最大加工宽度:250 mm;最大加工厚度:180 mm;送料速度:47.30 m/min;刀轴座角度可调范围:0°～60°;电动机功率:2.2 kW。(总分 5 分,每项 1 分)

54. 答:按进给方式主要分为手动进给、机械进给和液压进给。(总分 5 分,每缺一项扣 2 分)

55. 答:由机身、工作台、主轴架滑板进给、工件夹紧和液压传动系统及控制系统等组成。(总分 5 分,每项缺一项扣 1 分)

56. 答:单一配料法是在同一锯材上(2 分),配制出一种规格的方材毛料的配料方法(3 分)。

57. 答:开榫机是铣削木制品的各种榫头的机床(2 分)。常见的有直榫开榫机、箱榫开榫机和燕尾榫开榫机(3 分)。

58. 答:螺纹连接的基本类型有螺栓连接(2 分)、双头螺柱连接(1 分)、螺钉连接(1 分)、紧定螺钉连接(1 分)。

59. 答:螺纹连接常用的防松方法有锁紧螺母防松(1 分)、弹簧垫圈防松(1 分)、紧钉螺钉防松(1 分)、开口销防松(1 分)、止动垫圈防松、粘接防松(1 分)等。

60. 答:木工铣床主要用来起线、裁口、开榫槽和加工各种曲线工件。(5 分)

61. 答:工作台面尺寸:1 120 mm×900 mm;最大铣削厚度:100 mm;方刀头铣削直径:160 mm;圆刀头铣削直径:128 mm;主轴转速:4 级 2 250、3 000、4 500、6 000 r/min;电动机功率:3/4.5 kW。(总分 5 分,答对 5 项即得满分)

62. 答:主要旋制各种零件(3 分),如圆柱、圆球、圆盘、桌腿、凳面、挂衣架、拉手、把柄等装饰品(2 分)。

63. 答:木工车床由床身、主轴、三齿柄针、尾架、刀架、电动机等组成。(总分 5 分,答对 5 项即得满分)

64. 答:最大车削直径:400 mm;中心距:1 500 mm;中心高:200 mm;主轴转速:1 000～4 500 r/min;电动机功率:1.1 kW。(总分 5 分,每项 1 分)

65. 答:刀具刃口垂直于纤维方向(2 分),而刀具的运动方向平行于纤维方向的切削,称为纵向切削(3 分)。

66. 答:刀具刃口平行于纤维方向(2 分),而刀具的运动方向垂直于纤维方向的切削,称为横向切削(3 分)。

67. 答:刀具刃口和刀具的运动方向均垂直于纤维方向,称为端向切削。(5 分)

68. 答:用旋转刀具切削时,若进料速度不变,切削刀具的转速越高,切刀数目越多,被加工工件的表面质量越好(3 分)。如使刀具和工件作相对移动来代替刀具旋转运动,能获得更加光洁的表面(2 分)。

69. 答:(1)切削速度与进给速度。

(2)木材性质(结构)。

(3)顺纹切削与逆纹切削。

(4)木材含水率与季节。

(5)刀具与刀具材质。

(总分 5 分,每项 1 分)

70. 答:有榫接合、胶接合、钉接合、螺钉接合及其他金属连接件接合等。(5 分)

六、综 合 题

1. 答:木材经过干燥后可提高木材的强度和耐久性(2 分),防止腐朽,减少变形、开裂,使木制品保持原有形状(2 分);同时,还大大改善了木材的机械加工性能和胶合性能(3 分),提高油漆装饰质量,减轻了本身的重量(2 分)。因此,各种用途的木材都必须经过干燥处理(1 分)。

2. 答:由于节子材质坚硬(1 分),易使锯齿或刀具刃变化或缺损(1 分),所以在加工中遇到节子应放慢进料速度(1 分);由于节子使局部木材出现斜纹(1 分),会造成加工表面不光滑(1 分),易起毛或产生劈渣等缺陷,影响木材外观(2 分);由于节子破坏了木材的均匀性(1 分),降低了木材强度,对受弯曲的木构件影响极大(2 分)。

3. 答:(1)原木截面下锯偏斜时,应按最小长度为准。(5 分)

(2)原木实际长度,如果大于原木标准,而又不是较大一级规定尺寸时,多余部分不计。例如有一原木实际度量长度为 5.35 m,原木标准规定长度为 5.2 m、5.4 m,则该原木长度以 5.2 m计。(5 分)

4. 答:(1)实行基孔制。即孔(榫眼、槽)的尺寸为主要尺寸,轴(榫头)的尺寸是辅助尺寸(2.5 分);(2)榫头厚度要小于榫眼宽度 0.2 mm(2.5 分);(3)榫头宽度要大于榫眼长度 1～2 mm(2.5 分);(4)内榫肩的角度一般在 88°～90°为宜(2.5 分)。

5. 答:(1)相邻两零件的接触面和配合面只画一条线,而当相邻两零件有关部分基本尺寸不同时,即使间隙很小,也必须画两条线。

(2)同一零件在不同视图中,剖面线的方向和间隔应保持一致;相邻零件的剖面线应有明显区别,或斜线方向相反或间隔不等,以便在装配图内区分不同零件。

(3)装配图中,对于螺栓等紧固件及实心件,若按纵向剖切,且剖切平面通过其对称平面或轴线时,则这些零件均按未剖绘制。

(总分 10 分,少答 1 项扣 3 分)

6. 答:(1)了解工作机构有几台电动机,它们的用途、运转要求和相互联系等。

(2)阅读动力电路。先在图顶部查阅功能,要弄清控制各电动机的接触器或负荷开关,以及电路中的保护电器和元件。

(3)自左向右逐条分析控制电路,弄清它是怎样控制动力电路的。

(总分 10 分,少答 1 项扣 3 分)

7. 答:(1)液压油最重要的特性是压缩性和粘性。

(2)液压油的压缩量是极其微小的,一般可以忽略不计。

(3)粘性是油液流动时,内部产生摩擦力的性质。

(4)粘性的大小用粘度来度量。粘度大,油液"稠",不易流动;粘度小,油液"稀"流动性好。

(5)油液的粘度随温度的变化而变化。油温升高,粘度变小,油液变"稀"。

(6)当压力不太高时,压力对粘度影响不大,一般不予考虑。

(总分 10 分,答对 5 项即得满分)

8. 答:选用液压油时一般应考虑四方面的因素:

(1)考虑液压系统中工作油压的高低。油压高,宜选粘度高的油液;油压低,宜选粘度低的油液。

(2)考虑液压系统的环境温度。温度高,宜选粘度高的油液;温度低,宜选粘度低的油液。

(3)考虑液压系统中的运动速度。油压流速高,宜选粘度低的;油液流速低,宜选粘度高的。

(4)若液压系统以外的其他工作机构也要使用油液,则应考虑兼顾的问题。

(总分 10 分,每项 2.5 分)

9. 答:锯机的上锯轮是被动轮,下锯轮是主动轮(2 分)。工作时由于下锯轮重量大,转动惯性大,空转时能储存一部分能量,在锯割木材时再将能量释放出来(4 分),这样能缓和锯割时由于木材材质的不均匀或摩擦力变化造成的冲击,并使主转速保持相对稳定,保证锯割工作顺利进行(4 分)。

10. 答:(1)操作人员技术熟练程度及锯口位置和锯割程序的选择是否合理。

(2)原木的径级、等级、形状、缺陷情况。

(3)成材的规格。

(4)锯机的规格、性能、状态良好程度。

(5)锯条的材质、厚度及磨修的质量。

(总分 10 分,每项 2 分)

11. 答:(1)安装刀具。

(2)撞块位置的调整。

(3)工作前和工作中的检查。

(4)主轴运转时,禁止装卸工件、清洁钻屑,以保安全。

(5)工作前应按说明书检查各构件紧固情况,并按规定进行了机床的润滑。

(6)工作结束时,应清洁机床及周围环境,切断电源后方可离开。

(总分 10 分,答对 5 项即得满分)

12. 答:使用电钻钻孔时,不同的钻孔直径应该尽可能选用相应规格的电钻,以充分发挥各种规格电钻的钻削性能及结构特点,达到良好的切削效率(1 分)

电钻使用时,钻头必须锋利(1 分)。钻孔时,在电钻上应施加不超过规定的轴向压力,并且不宜用力过猛,以免过载(1 分)。钻孔中当转速突然下降时,应立即降低压力(1 分);当钻孔时突然制动,必须立即切断电源(1 分);当钻削的孔即将钻通时,施加的轴向压力应适当减小(1 分)。

电钻使用时,轴承温升不能过高(1 分)。在钻孔中轴承和齿轮运转声音应均匀而无撞击声(1 分)。当发现轴承温升过高或齿轮、轴承有异常杂声时,应立即停钻检查(1 分)。如果轴承、齿轮有损坏现象,应立即更换(1 分)。

13. 答:根据立体图画三视图如图 1 所示。

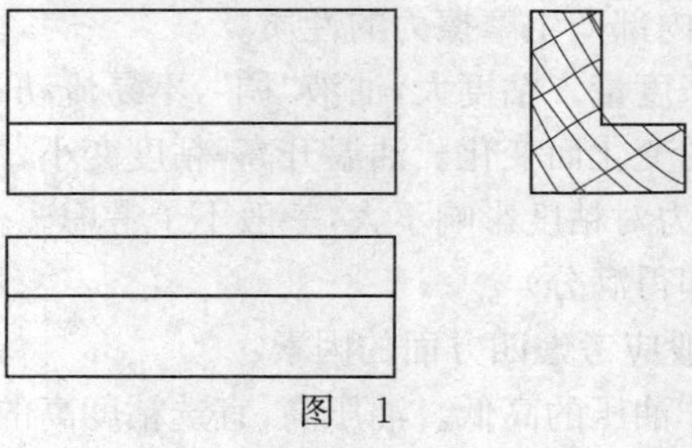

图 1

(总分 10 分,凡错、漏、多一条线,各扣 1 分)

14. 答:(1)确定工件的加工余量,使加工有明确的尺寸界线。

(2)能够及时发现和处理不合格的原材料。

(3)采用借料划线可以减小不合格的原材料的影响。

(总分 10 分,少答 1 项扣 3 分)

15. 答:带锯机是高速运转的机床(1 分),锯轮转速一般为每分钟 500~900 转,锯条运动的线速度每秒 40~50 m(2 分),而且锯条薄,如使用不当或遇木节、铁钉、石子等硬物容易发生断条(2 分);同时带锯机工作是多人配合操作(2 分),如果精力不集中,各人的动作不协调,配合不当,就极易发生人身或设备事故(2 分)。为此为保证安全生产,必须要有安全操作规程(1 分)。

16. 答:单一配料法技术简单、生产效率高,但出材率低,适用于产品单一配料(5 分);综合配料法能够长短料搭配下锯,出材率高,但对操作者的技术要求高,适用于多品种生产时的配料(5 分)。

17. 答:为保证锯材质量合理下锯,提高原木出材率和节约木材,在操作带锯机时应注意以下几点:

(1)开车前全班人员应明白本班作业计划,各种产品规格和质量要求及板材用途名称。原木截料应根据产品长度准确画线后进行截断,遇到弯曲原木还应根据弯曲情况合理截断。

(2)合理下锯锯割时应根据原木材质、径级,结合产品规格和质量要求,合理下锯,做到优材优用、长材长用。

(3)摇尺要准确,摇尺是否准确,直接影响产品是否合格,同时也将影响原木出材率。

(4)入锯要稳,原木进入锯口时不要过猛,在锯割过程中,应根据材质软、硬、树种等实际情况,灵活掌握进给速度,遇到硬节疤要放慢进给速度,否则会损伤锯条和影响锯材质量。

(5)开车人在操作中思想要集中,技术要熟练,动作要协调,耳听眼看,发现异常情况应停机检查,排除故障。

(6)适时更换锯条,锯条使用一段时间后,锯齿会变钝,应及时更换,每次使用时间,不应超过 2 h。

(7)及时清除锯条上锯屑,并应定时给锯条涂擦煤油或柴油,刮去锯条上的锯屑。刮锯屑时应注意安全,动作要迅速准确,不要碰伤锯条。

(总分 10 分,答对 5 项即得满分)

18. 答:锯条张紧后,应检查上、下锯卡的夹持木块位置是否正确(1 分),夹紧程度是否恰当(1 分),调节时,松开压紧夹持木块的螺栓使夹持木块放松,此时锯条工作区段(直线部分)成垂直状态,然后分别轻轻敲击两侧木块,使其向锯条靠拢并夹住锯条(2 分);应注意锯条的垂直位置,木块不利通过(1 分),而横向推压锯条时又不发生左右晃动为适宜,即可将压紧螺栓拧紧(1 分)。如果锯条用手拉不动,说明夹得太紧,应当放松,否则锯条运动时会与夹持木块发生剧烈的摩擦,使锯条发热膨胀,适张度就会减弱,锯条不能正常工作(2 分);如果横向推压锯条时,锯条发生左右晃动,说明没有夹紧,应重新夹紧,否则锯条工作时会发生左右摆动,影响锯材质量(2 分)。

19. 答:带锯机安全操作技术规程:

(1)工作场地不得有障碍物,特别是跑车运行范围内及轨道上。

(2)设备必须处于良好状态。开车前要检查锯机运转是否正常、锯条有无裂纹等。

(3)原木要卡紧,必须进尺完毕后才能进行锯割,不得边进尺边锯割,或在锯割途中进尺。

(4)操作人员精神要集中。开车前要向其他配合人员发出开车信号,互相配合,动作要协调,听开车人指挥。

(5)不应在锯割中途退车。

(6)发现故障应及时排除,开车工应注意锯条工作情况及设备运转情况,发现异常声音或不正常迹象应立即停机检查、排除。

(7)平台带锯机上、下手要配合好,上手推料时入锯要稳,木料锯出 200 mm 以上时下手才能接拉,接拉速度要均匀适宜,不得突然猛推、猛拉。

(8)检修或清扫时必须停机,跑车带锯机的下锯轮的检查或维修时,应断开电源,并应在电源开关处悬挂"不准合闸有人工作"的安全告示牌。

(9)非本机操作人员不得随意开动机床,操作人员需按规定经考核合格领取合格证,才能单独操作机床。

(总分 10 分,答对 5 项即得满分)

20. 答:(1)属于锯机方面的有:(5 分)

①紧固螺栓松动,轴承损坏而引起锯机振动大;

②自动张紧锯条的压铊过重;

③上、下锯轮轮轴中心线不平行,锯条运转时发生扭曲。

(2)属于操作方面的原因有:(5 分)

①原木在跑车上没有卡紧,锯割时横向晃动大;

②入锯过猛或遇木节没有减速,进给速度太快;

③原木上有铁钉或其他硬物。

21. 答:(1)属于锯机方面的应该采取以下方法:(5 分)

①检查并拧紧给松动的螺栓、螺母,更换轴承;

②适当减轻压铊重量,使其弹跳灵活;

③调整锯轮使其轴心线平行,端面在同一垂直平面上。

(2)属于操作方面的应该采取以下方法:(5 分)

①原木应靠好桩、卡钩要卡牢后才能进行锯割;

②入锯要稳,遇有节子要减速,根据原木材质软硬采用适宜的进给速度;

③应清除原木上的铁钉、硬物等。

22. 答:(1)上锯轮倾斜度不适当。

(2)木料出现劈裂或车摆失灵,退车时木料碰掉锯条。

(3)锯卡夹持锯条过紧或锯路太小,使锯条摩擦发热适张度减小。

(4)挂锯条时锯条没有张紧。

(5)板皮或木块掉落在机座锯槽内卡住锯条,使锯条因摩擦而发热。

(总分 10 分,每项 2 分)

23. 答:(1)锯不走正,若向里跑则可拉开手轮离合器,单独升后支承,相反则单独降后支承。

(2)操作时注意观察,检修车摆装置。

(3)放松锯卡夹紧木块夹紧程度,加大锯路。

(4)正确张紧锯条。
(5)停机清除障碍物。
(总分 10 分,每项 2 分)
24. 答:属于设备方面的有:
(1)上下锯轮轮轴中心线不平行。
(2)锯机振动大,锯条发生窜动。
(3)跑车梯形轮磨损,与梯形轨道接触不良,跑车运行时发生晃动。
(4)跑车轨道不平直、轨道面上有树皮等障碍物使跑车运行不平稳。
(5)锯条张紧力太小或压铊太轻。
(总分 10 分,每项 2 分)
25. 答:属于设备方面的应该采取以下方法:
(1)调整锯轮。
(2)拧紧紧固螺栓、螺母,更换轴承。
(3)更换跑车梯形轮。
(4)检查并校正轨道,清除轨面上障碍物。
(5)调整锯条张紧程度。
(总分 10 分,每项 2 分)
26. 答:为保证加工质量,应做好下列四项机床调整工作:
(1)刀具的正确安装和调整。
(2)靠板的调整。
(3)压紧器的调整。
(4)进给机构的调整。
(5)调好后,空车试刨几根木料作加工尺寸的准确调整。之后即可进行正式开车生产。
(总分 10 分,每项 2 分)
27. 答:见表 1。

表 1

缺陷名称	产生原因	排除方法
板面粗糙起毛或边缘撕劈	1. 刀口不锋利 2. 吃刀量太大 3. 木材含水率太大 4. 逆纹切削	1. 更换刀具 2. 调整吃刀深度 3. 含水率不合格不加工 4. 改顺纹切削
加工表面波浪纹	1. 同一轴上刀片尺寸、重量不一致,产生偏重 2. 轴承损坏 3. 刀轴弯曲 4. 机床振动大	1. 重新换刀 2. 更换轴承 3. 更换刀轴 4. 调整机床
工件表面出现凸痕	1. 刀刃有缺口 2. 刨削时碰到节子或硬物	换刀
企口不在板厚中心位置	定刀位置没有调整好或左右立刀高度不一致	重新调整立刀高度
企口准高和槽深不一致	立刀断面形状不符合要求	更换合格刀具

(总分 10 分,答对 3 项即得满分)

28. 答:一般高出 0.8～2 mm 适宜(2 分)。过高会使工件冲撞刀头,刀头发出颤动(2 分),使已刨削的工件弯曲不直,工件的端部出现凹陷缺损,因此须适当调低下进料滚筒(2 分)。过低工件被压紧在工作台上,增加摩擦力,下滚筒与工件不接触或接触压力过小而失去作用,工件就不能顺利进给(4 分)。

29. 答:见表 2。

表 2

缺陷名称	产生原因	排除方法
表面粗糙不平及起毛	刨刀不锋利	轻者用油石磨,太重者换刀
工件横杆面厚度不一致; 加工表面有刀痕	1. 刀片两端伸出量不同 2. 刀轴与工作台面不平行 3. 下滚筒与工作台面不平行 4. 刨刀刃有缺口	1. 检查刀片刃口伸出量,重新上刀调整 2. 调整刀轴两端高度直至水平 3. 调整下滚筒达到与工作台面保持水平 4. 换刀
工作端头厚度小(即凹进)	1. 下滚筒高出工作台面太高,或前后下滚筒高度不一致 2. 进料方法不对	1. 检查不滚筒并调整其高度,使其高出工作台面的高度一致 2. 进料时工作下面应与工作台面贴紧
加工表面的局部凹进或成波浪纹	1. 刀轴轴承损坏 2. 工作台有刨花等异物垫起工件 3. 机床强烈振动	1. 用手转动刀轴,看有无上下摆动现象,查出后更换轴承 2. 清除工作台面上一切异物 3. 检查原因并加以排除
工件局部未刨削到	1. 工件毛料翘曲不直 2. 加工量(吃刀量)太小	1. 不符材质要求的改制别的配件用 2. 调整吃刀量

(总分 10 分,答对 3 项即得满分)

30. 答:(1)同一刀轴上各刀片重量、尺寸规格一致。

(2)刀片应无裂口、缺口,刀刃应成一直线。

(3)刀轴与刀片接触面以及压铁与刀片接触面均应无锯屑刨花、油污等,以保证能紧密牢靠地压紧在刀轴上。

(4)每次换刀应检查螺栓、螺母是否完好,螺纹滑扣不许用。

(5)刀刃与断削器距离要适宜。

(6)同一刀轴上,各刀刃应在同一圆周上,以保持运转平稳获得光滑的加工面。

(7)压紧刀片的螺钉要拧紧。

(总分 10 分,答对 5 项即得满分)

31. 答:由于木工铣床转速特别高,而刀又露在导板外,手推送工件要频繁通过刀头,为此要特别注意安全操作,主要须做到下述几点:

(1)开车前认真检查刀具安装是否牢固,铣刀有无裂纹等缺陷,机床运转是否正常。

(2)采用高速时在刀轴顶端用稳定支架作辅助,以免刀轴摆动。

(3)推送工件要压紧,推送速度要均匀。

(4)进行纵向铣削应两人上下配合操作,手不能太靠近刀头,中途也不要退回工件。

(5)机床停稳,断绝电源后再进行拆卸刀具、调整靠板和清扫等工作。

(6)严禁带手套操作,工作服、袖口要扎紧。

(总分 10 分,答对 5 项即得满分)

32. 答:根据放样图上量得的实际尺寸制出样板,可做为下料、加工、装配等工序的原始依据。所以放样图和工作图有着密切联系(2.5 分),但它们又有区别,其主要方面有:(以下总分 7.5 分,每项 1.5 分)

(1)工作图的比例不是固定的,它可以按制图标准规定缩小或放大。而放样图一般限于 1∶1。

(2)工作图是按国家制图标准绘制的,而放样图比较随便。例如放样图可不注尺寸,线条粗细长短无关紧要。

(3)工作图有零件尺寸、形状、粗糙度、标题栏和有关技术说明等内容。放样图可忽视上述五项内容,有时只画形状和大小即可。

(4)工作图上不能随意增加或去掉线条,而放样图上可以添加各种必要的辅助线,也可去掉与放样无关的线条。

(5)工作图目的在于示意,放样图的目的在于精确地反映实物形状等。

33. 答:在零件图上,由于存在着很多线和面(1 分),在这些线和面复杂的互相关系中(1 分),基准线或基准面起着决定其他线和面的作用(1 分)。划线基准,就是指的起这种规定作用的基准线或基准面(1 分)。任何一个图形,都可以找到两条基准线,这两条基准线必须符合下列任何一种情况:(以下总分 6 分,每项 2 分)

(1)两条基准线都是中心线;

(2)两条基准线都是边缘线;

(3)两条基准线一条是中心线,另一条是边缘线。

34. 答:木材天然干燥法是将木材堆码在露天板院或棚内(2 分),以太阳辐射热量为热源(2 分),利用自然流通的空气(通常叫风)为干燥介质(2 分),使木材内的水分逐渐蒸发,使其含水率降低到一定程度(3 分)。这种干燥木材的方法叫天然干燥法(1 分)。

35. 答:木材人工干燥法是将木材置于某一可以密闭的空间内(4 分),在人为可以控制干燥介质的温度和相对湿度的条件下进行干燥的方法叫木材的人工干燥法(6 分)。

机械木工(高级工)习题

一、填 空 题

1. 木材的性质不仅与树种有关,还受树木生长地区,(　　)等因素影响。
2. 木材翘曲变形主要有四种,即瓦形翘曲、(　　)、边弯和扭曲。
3. 树木是种子植物中的(　　)。
4. 木材的许多重要特征都在(　　)反映出来。
5. 在某一范围内锯割出来的是弦切面板,然后逐步过渡为(　　)。
6. 原木在运输和存放期间不要将(　　)剥掉。
7. 在热带和亚热带地区,因一年四季温差不大,在一年之内可有几次生长形成几圈木质层,这样的叫(　　)。
8. 年轮宽度不同,性质也不一样,下锯时应尽量避免阴面和阳面出现在(　　)上。
9. 边材到心材的颜色变化,不同的树种(　　)不同。
10. 核桃木颜色变化(　　)。
11. 紫杉颜色变化(　　)。
12. 不同树种的木射线(　　)也不同。
13. 榉树木射线(　　)。
14. 桦木木射线在放大镜下(　　)。
15. 有树脂道的木材,在树木生长过程中,可以从中采割(　　)。
16. 枫杨为(　　)。
17. 在原木横切面上,位于年轮的中心,颜色较深,材质较软的部分叫(　　)。
18. 髓心在横切面上的形状因树种不同而(　　)。
19. 榆木、红松的髓心在横切面上一般呈(　　)。
20. 色木的髓心在横切面上一般呈(　　)。
21. 白杨的髓心在横切面上一般呈(　　)。
22. 木材的工艺力学性能主要包括木材的(　　)、握钉力、弯曲性能等。
23. 通常说的木材容重,是指其含水率为(　　)时的情形。
24. 用人的感觉器官能直接感觉到的构造称为木材的(　　)。
25. 树木本身缺陷有节子、裂纹、树干形状缺陷、木材构造缺陷(　　)等。
26. 树干形状缺陷有弯曲、尖梢、大兜、(　　)。
27. 木材构造缺陷有:斜纹、乱纹、涡纹、(　　)、双心、髓斑、水层树脂漏等。
28. 属于树木伤疤的缺陷有:夹皮、偏枯、(　　)。
29. 树木寄生性缺陷有:变色、(　　)、虫孔。
30. 树木变色缺陷有:(　　)、外部变色、内部变色。

31. 木材加工缺陷有:缺棱、成材弯曲、鲶鱼头、偏沿子、水波纹、材面凸肚、搓板纹、(　　)、斜垄纹。

32. 木材缺陷会影响木结构件的强度和(　　)。

33. 对有缺陷的木材,要根据缺陷的种类和缺陷的程度(　　)。

34. 活节较多的木材可用来制作外观质量要求低或不外露,主要承受(　　)的构件。

35. 活节较多的木材可用于车辆上有金属辅助梁的梁柱、(　　)、电杆等。

36. 弯曲原木,用作车辆配件时,应根据弯曲情况,结合车辆配件的规格(　　)后再进行锯制。

37. 弯曲原木还可利用弯曲形状,锯制某些(　　)。

38. 对无法直接用来制作木制品的有缺陷木材还可以打碎施胶热压成(　　)。

39. 对无法直接用来制作木制品的缺陷木材,也可以打碎磨浆制成(　　)。

40. 木板宽度局部缺损不超过板宽的 1/3,(　　)。

41. 木堵或补条的树种,应与(　　)一致或性质近似。

42. 木堵或补条(　　)应与被补木材相同或略低。

43. 木堵或补条的(　　)应与被补木材纤维方向一致。

44. 木材缺陷经修补后,板面不许有(　　)的现象。

45. 有一原木直径为 32 cm,其径级符号标注为(　　)。

46. 有一原木为三等,其等级符号标注为(　　)。

47. 贮木场即为贮存(　　)的场所。

48. 板院是贮存(　　)的场所。

49. 选材后的锯材,将同厚度、同材长的锯材整齐地堆成长方形小垛是(　　),供叉车作业。

50. 原木材积的单位是(　　)。

51. 原木材积中原木长度单位是(　　)。

52. 胶合板按加工方法不同分为两种,一种是旋制面胶合板,另一种是(　　)。

53. 木材中的水分含量叫做(　　)。

54. 含水率小于(　　)的木材称为干燥木材。

55. 木材干燥方法可分为人工干燥法和(　　)干燥法两大类。

56. 木材含水率发生变化时有(　　)缩现象。

57. 木材含水率发生变化时有(　　)胀现象。

58. 常见的木材干燥缺陷有:开裂、变形、发霉、红斑、(　　)。

59. 木材干燥缺陷之一中的开裂又分为(　　)、表面裂和内部裂。

60. 机械制图轴测图中的正等轴测图,简称(　　)。

61. 机械制图轴测图中的正二等轴测图,简称(　　)。

62. 机械制图轴测图中的斜二等轴测图,简称(　　)。

63. 用麻花钻改制的锪钻要尽量短,减少锪削过程中的(　　)。

64. 确定主视图的投影方向,通常应考虑(　　)。

65. 在零件图上用来确定其他点、线、面位置的基准是(　　)。

66. 在加工、测量及装配时所依据的基准是(　　)。

67. 在图形上标注尺寸所确定的起点是(　　)。
68. 在公差带代号中,(　　)可以根据基准孔和基准轴来识别。
69. 凡配合代号中,分子有代号“H”的均为(　　)。
70. 凡配合代号中,分母有代号“h”的均为(　　)。
71. 公差配合中,分子没有代号“H”,分母没有代号“h”的称为(　　)。
72. 1 ft=(　　)in。
73. 1 in=(　　)分。
74. 1 mm=(　　)μm。
75. 主要用来保护电源免受短路损害的保护电器是(　　)。
76. 为使直接起动自锁控制线路具有过载保护作用,应在线路中增设(　　)。
77. 自动空气开关是具有(　　)的双重电器。
78. 电动机的能量转换形式是将电能转换成(　　)。
79. 蓄电池工作时是将(　　)变为电能释放出来。
80. 电动机的结构形式有开启式、防护式、封闭式和(　　)。
81. 将额定电压通过电器设备,直接加在定子绕组上,使电动机启动的方法是(　　)。
82. 定子绕组间或定子与机壳间绝缘损坏,会造成电机(　　)。
83. 钳工手锤的种类很多,一般分为硬头手锤和(　　)两种。
84. 软头手锤多用于(　　)工作。
85. 硬头手锤主要用于(　　)的工作。
86. 锉刀可分为普通锉、特殊锉和(　　)三类。
87. 锉刀的规格一般以锉刀的尺寸和(　　)来分。
88. 麻花钻头是最常用的一种钻头,一般用(　　)制成。
89. 麻花钻头一般用来(　　)。
90. 液压泵的输油量与密封容积变化的大小及(　　)成正比。
91. 为保证液压泵正常吸油,油箱必须和(　　)相通。
92. 柱塞泵工作时,柱塞做(　　)运动。
93. 齿轮泵是利用齿间(　　)的变化来实现吸油和压油的。
94. 单作用式叶片泵可以改变(　　)和输油方向。
95. 控制液压油只许按一方向流动,不能反向流动的方向阀叫(　　)。
96. 溢流阀主要是起溢流和(　　)作用。
97. 顺序阀实质上是一个由压力油液控制其开启的(　　)。
98. 流量控制阀是通过调节阀口的流量,而改变执行机构(　　)的液压元件。
99. 点划线用来表示对称线、(　　)、圆的中心线等。
100. 摩擦轮传动中,主动轮是依靠(　　)的作用带动从动轮转动。
101. 摩擦轮传动,分为两轴平行和(　　)两种类型。
102. 带传动中,带在带轮上的包角不能(　　)120°。
103. 三角带传动中,主动轮和从动轮的轮槽对称中心平面应(　　)。
104. 链条装配后,过紧会增加负载,加剧(　　)。
105. 链条装配后,过松容易产生振动或(　　)。

106. 蜗杆传动机构装配后,蜗杆轴线与蜗轮轴线应(　　)。

107. 蜗杆传动机构装配后,蜗杆轴线应在蜗轮轮齿的(　　)。

108. 任何机械两齿轮的啮合必要条件是两个齿轮的(　　)相等。

109. 齿轮直径与齿数、模数的关系式是(　　)。

110. 木工常用的合成树脂胶主要有酚醛树脂胶、尿醛树脂胶、白胶、三聚氰胺树脂胶(　　)。

111. 木材弯曲工艺主要包括:配料、加工、蒸煮、弯曲、冷却和(　　)。

112. 碳素工具钢是在钢号前冠以字母“(　　)”,以平均含碳量的千分之几来命名。

113. LY3 表示 3 号(　　)。

114. CrWMn 是(　　)钢。

115. 锯条宽度 100～125 mm,其厚度是(　　)mm。

116. 带锯机的主要参数为(　　)。

117. 木工圆锯机的主要参数为(　　)。

118. 纵剖圆锯片有斜三角齿和(　　)两种。

119. 刨锯片锯齿有斜三角齿和(　　)两种。

120. 制造木工切削刀具的材料要求是具有较高的硬度和一定的弹性与(　　)。

121. 液态润滑油比较稳定,摩擦系数小,可用于(　　)。

122. 液态润滑油(　　)。

123. 摩擦面表面粗糙,一般适用粘度较大的润滑或针入度较小的(　　)。

124. 木材的机械加工主要是改变木材的(　　)。

125. 制材加工是指原木锯割成要求规格的板、方材或(　　)的加工过程。

126. 调整带锯上下锯轮间的距离,使带锯条保持一定张紧程度而利于锯切的自动调整装置就是(　　)。

127. 锯制原木过程中,锯口不成直线,材面呈现某种弯曲现象叫(　　)。

128. 车摆是跑车在倒车时,自动将车架向外侧移动一定距离,避免木材与锯条接触而碰掉锯条等危险,当转入(　　)时,又使车架回到原来位置的装置。

129. 在锯机出现故障时使锯轮立即停止转动的刹车装置,称为(　　)。

130. 锯割时造成各种锯材不平整的现象叫(　　)。

131. 瓦棱状锯痕是锯削刀具在锯材表面上留下的深痕,如(　　),锯口呈条状高低不平的现象。

132. 锯口不成直线,材面呈波浪纹状的锯制缺陷,称(　　)。

133. 端部突出是指锯材前端部位偏厚,呈现(　　)的缺陷。

134. 木材在锯割时,因纤维受强烈撕裂或扯离而形成毛刺状,使材面显得十分粗糙的现象称为(　　)。

135. 锯材在材长中部增厚或减厚的缺陷称为(　　)。

136. 锯卡的作用是夹持锯条,阻止其(　　)。

137. 带锯机手动转动正常,但电机发出“嗡嗡”声,无法起动,原因是电机(　　)。

138. 压刨机加工工件后,工件表面粗糙不平及起毛,主要原因是(　　)。

139. 压刨机加工工件后,工件表面有刀痕,主要原因是(　　)。

140. 压刨刀片两端伸出量不同，加工工件会出现横断面上(　　)缺陷。

141. 切削速度是指刀具的直线运动速度或(　　)，它是将切屑切下来时所需的基本速度。

142. 当切削速度不变时，进给速度越慢工件表面质量越(　　)。

143. 进给速度是指加工件(木材)作(　　)的速度。

144. 木材对钉或拧入螺钉的(　　)称握钉力。

145. 旋转刀具刀轴上几把刀中，有一把微微突出，每次旋转在工件上甩留下的刀痕称为(　　)。

146. 木制品较为广泛应用的一种主要接合形式是 (　　)的接合。

147. 工业企业的生产过程是指从产品生产准备开始，经(　　)，直到产品出来为止的全部过程。

148. 生产过程包括生产技术准备过程、基本生产过程、辅助生产过程和(　　)。

149. 生产过程的均衡性又叫(　　)。

150. 现代质量管理工作的三个基本观点是：预防为主，用户第一和(　　)。

151. PDCA 循环的四个阶段是(　　)。

152. 安全规程是本单位为了贯彻(　　)而制定的有关安全管理方面的规定。

153. 木料接长采用齿形胶接工艺，工艺过程包括：备料、截头、开齿、涂胶、(　　)、表面加工。

154. 改进木工机床的(　　)是今后木制品机械加工技术改进的重点关系之一。

155. 批量大、工位多的零件部件加工，尽量采用(　　)。

156. 游标卡尺的精度等级有 0.10 mm、0.05 mm、(　　)、0.01 mm 四种。

157. 螺栓尺寸标识 M 代表(　　)。

158. 锥形锪钻的锥角根据工件沉头孔的不同要求，有 60°、75°、(　　)、120°。

159. 用钻头在实体材料上加工孔的方法称为(　　)。

160. 螺纹连接时放置弹簧垫圈或锁紧螺母等，起(　　)作用。

161. 普通麻花钻的顶角为(　　)。

162. 确定装配的检查方法，应根据产品结构特点和(　　)来选择。

163. 手用丝锥是用碳素工具钢或合金工具钢制成的滚牙(或切牙)丝锥，螺纹公差带是(　　)。

164. 以物理和化学作用除去零件表层金属的一种加工方法是(　　)。

165. 按铆接方法不同，铆接可分为冷铆、热铆和(　　)。

166. 钻孔时应根据钻孔直径大小和工件的形状及大小的不同，采用合适的(　　)，以确保钻孔质量及安全生产。

167. 常用来检验工件表面或检验设备安装的水平情况是(　　)。

168. 拧螺栓时，螺纹的拧进长度原则是螺栓直径的(　　)倍以上。

169. 涂打粘接胶前，首先要对粘接面进行(　　)处理。

170. 用于扳转丝锥的工具是(　　)，可分为固定式和可调式两种。

171. 零件图上的(　　)是指零件在制造过程中应达到的质量要求，包括尺寸公差、形位公差、表面粗糙度、材料热处理及表面热处理等内容。

172. 指在毛坯或工件上用划线工具画出待加工部位的轮廓或作为基准的点、线是(　　)。

173. 钻削用量包括切削速度、(　　)和切削深度三要素。

174. 常用的消除(　　)误差的方法是基准变换消除法。

175. 内径千分尺可测量的最小孔径为(　　)。

176. 位置公差中垂直度符号是(　　)。

177. 在螺纹的要素中，牙型、(　　)和螺距是决定螺纹最基本的要素，通常称为螺纹三要素。

178. 用铰刀从工件孔壁上切除微量金属层，以提高其尺寸精度和降低表面粗糙度值的方法称为(　　)。

179. 用一个大平面对工件的平面进行定位时，它可以限制工件的(　　)个自由度。

180. 铝是银白色金属，密度为(　　)g/cm^3。

181. 用以确定公差带相对于零线位置的上偏差或下偏差称为(　　)。

182. 工艺规程是企业保证产品质量，降低(　　)，提高生产率的依据。

183. 将钢加热到某一温度，保温一段时间后缓慢冷却到室温的一种热处理工艺是(　　)。

184. 由于材料弹性变形而产生的滑动称为(　　)。

185. 机械制图中"SR"表示(　　)。

二、单项选择题

1. 木材机械加工根据加工特点和采用设备的不同，通常分为(　　)加工。

(A)两种　(B)三种　(C)四种　(D)五种

2. 制材最常用的机械是(　　)。

(A)台式带锯机　(B)细木工带锯机　(C)跑车带锯机　(D)横截锯

3. 异向性是指木材在(　　)方向的物理、力学性质不同。

(A)径向　(B)弦向　(C)纵向　(D)径向、弦向、纵向

4. 为了区别板材是径切面板还是弦切面板，可在板材横切面上作一条板厚中心线，过此中心线与年轮线的某一交点作此年轮的切线，两线之间的夹角大于(　　)者为径切面板。

(A)30°　(B)40°　(C)50°　(D)60°

5. 为了区别板材是径切面板还是弦切面板，可在板材横切面上作一条板厚中心线，过此中心线与年轮线的某一交点作此年轮的切线，两线之间的夹角小于(　　)者为弦切面板。

(A)30°　(B)40°　(C)50°　(D)60°

6. 早材又叫(　　)。

(A)夏材　(B)春材　(C)冬材　(D)秋材

7. 晚材又叫(　　)。

(A)夏材　(B)春材　(C)冬材　(D)夏、秋材

8. 木材检索表有(　　)种。

(A)二　(B)三　(C)四　(D)五

9. 木材在纤维饱和点以下时开始收缩变形，弦切板的变形为(　　)。

(A)顺年轮圈弧翘曲　　(B)向年轮相反方向翘曲
(C)顺长度方向翘曲　　(D)向弦向方向翘曲

10. 木材的许用应力(　　)。
(A)小于木材的极限强度　　(B)大于木材的极限强度
(C)等于木材的极限强度　　(D)与极限强度无关

11. 受弯构件在特殊情况下,有可能产生剪切破坏,有可能产生剪切破坏的条件是(　　)。
(A)构件的跨度很小时　　(B)构件的跨度很大时
(C)构件的跨度达到一定比例　　(D)构件的跨度可以任意

12. 客车上采用煨弯木零件,弯曲性能最好的木材是(　　)。
(A)红松　　(B)榆木　　(C)水曲柳　　(D)落叶松

13. 组成胶合板的单板采用奇数层,其主要原因是(　　)。
(A)为了美观和装饰　　(B)应力平衡,不变形
(C)工艺需要　　(D)规定需要

14. 胶合板表面粘贴塑料皮时,冷压或热压都可采用尿醛树脂胶,但加入的硬化剂(氯化铵溶液)数量却不同,一般情况下冷压较热压的硬化剂数量(　　)。
(A) 少　　(B) 多　　(C) 相等　　(D) 根据温度需要而定

15. 采用煨制方法制作弯曲木零件的主要目的是(　　)。
(A) 节约木材　　(B) 简化工艺　　(C) 增加强度　　(D) 节约时间

16. 煨弯工艺最理想的木材含水率是(　　)。
(A) 接近木材平衡含水率时　　(B) 接近木材纤维饱和点时
(C) 湿材　　(D) 气干材

17. 家具上常有曲线形的零件,为了满足加工要求,把曲线形的零件画成和产品一样大小的图形,这种图形就称为(　　)。
(A)大样图　　(B)组装图　　(C)结构装配图　　(D)零件图

18. (　　)是木结构中使用较广的结合形式之一,主要用在构件的接长和节点的连接中。
(A)螺栓连接　　(B)销连接　　(C)齿连接　　(D)承拉连接

19. 加工造船材用原木小头直径自(　　)起。
(A)20 cm　　(B)22 cm　　(C)24 cm　　(D)26 cm

20. 加工车辆材用原木(针叶树)小头直径自(　　)起。
(A)20 cm　　(B)22 cm　　(C)24 cm　　(D)26 cm

21. 加工车辆材用原木(阔叶材)小头直径自(　　)起。
(A)20 cm　　(B)22 cm　　(C)24 cm　　(D)26 cm

22. 加工胶合板材用原木自(　　)起。
(A)20 cm　　(B)22 cm　　(C)24 cm　　(D)26 cm

23. 加工一般材用原木(　　)起。
(A)20 cm　　(B)22 cm　　(C)24 cm　　(D)26 cm

24. 加工一般材用原木在南方材区直径可自(　　)起。
(A)14 cm　　(B)16 cm　　(C)18 cm　　(D)20 cm

25. 胶合板材适用树种为(　　)。
(A)水曲柳　(B)红松　(C)落叶松　(D)柏木
26. 造船材、车辆材适用树种为(　　)。
(A)红松　(B)椴木　(C)扬木　(D)桦木
27. 一等加工用原木最大活节的尺寸不得超过检尺径的(　　)。
(A)20%　(B)30%　(C)40%　(D)不限
28. 二等加工用原木最大活节的尺寸不得超过检尺径的(　　)。
(A)20%　(B)30%　(C)40%　(D)不限
29. 三等加工用原木最大活节的尺寸是检尺径的(　　)。
(A)20%　(B)30%　(C)40%　(D)不限
30. 当电动机功率为 2.2～3.7 kW,皮带速度大于 10 m/s 时,选用三角皮带的型号应为(　　)。
(A)A 型　(B)B 型　(C)C 型　(D)O 型
31. 木制门的中冒头宽度在 145 mm 以上时应划上、下双榫,并要单进双出,双榫中每个榫的宽度约为料宽的(　　)。
(A)1/3　(B)1/4　(C)1/5　(D)1/2
32. 木材的抗拉强度、抗压强度、抗弯强度等属于木材的(　　)。
(A)物理性质　(B)力学性质　(C)工艺力学性质　(D)自然属性
33. 为了节约木材需采用正确的划线下料方法,如遇到弯曲和直料同时下料,划线应当(　　)。
(A)先划直料后划弯料　(B)先划弯料后划直料
(C)先划弯料或先划直料都可以　(D)使弯料直料有顺序排列
34. 为了节约木材,应正确使用有缺陷的木材,当木材端部有局部裂纹,允许用在(　　)。
(A)榫头处　(B)榫眼处
(C)榫头、榫眼处都可以用　(D)榫头、榫眼都不准用
35. 热继电器在控制电路中起的作用是(　　)。
(A)短路保护　(B)过电压保护　(C)过载保护　(D)过流保护
36. 使用万用表测量电流或电压时,若不知是交流还是直流,此时应该用(　　)挡先测试一下。
(A)直流　(B)交流　(C)交流或直流　(D)空
37. 如要求在转动过程中,使两传动随时结合或脱开,应采用(　　)。
(A)联轴器　(B)离合器　(C)制动器　(D)摩擦片
38. 液压传动中的液体流动连续原理,是指油液在无分支的管道中流动时,流经每一横截面上的流量(　　)。
(A) 一定相等　(B)一定不相等　(C)不一定相等　(D)在规定时间内相等
39. 互换装配法的实质就是控制零件的(　　)来保证装配精度。
(A)尺寸公差　(B)加工误差　(C)形状误差　(D)表面粗糙度
40. 用水平仪测量导轨直线度是属于(　　)测量法。
(A)比较　(B)线性　(C)角度　(D)视觉

41. 节流阀通过改变(　　)以控制流量。

(A)流通方向　(B)通流截面的大小　(C)弹簧力的大小　(D)流通速度的大小

42. 当机械的主激振频率(　　)支承系统一阶固有频率时,这种支承属于刚性支承。

(A)高于　(B)低于　(C)等于　(D)反比于

43. 数控机床成功地解决了(　　)生产自动化问题并提高了生产效率。

(A)单件　(B)大量　(C)中、小批　(D)少量

44. 现代机械制造的基本特征之一是多品种,(　　)生产占主导地位。

(A)单件　(B)大量　(C)中、小批　(D)少量

45. (　　)一般不用作木工刀具。

(A)碳素工具钢　(B)合金工具钢　(C)高速钢　(D)不锈钢

46. 在插入圆榫结构中＋0.1～＋0.3 表示的是(　　)。

(A)过盈公差　(B)过渡公差　(C)间隙公差　(D)配合公差

47. 木工加工机床与金属切削加工机床的最主要区别是(　　)。

(A)加工对像不同　(B)切削速度要求不同

(C)加工精度不同　(D)切削刀具不同

48. 木工机械一般转速较高,对高速传动而言最好采用(　　)。

(A)链传动　(B)齿轮传动　(C)皮带传动　(D)螺纹传动

49. 木材弯曲工艺中(　　)木材消耗量最大。

(A)锯割加工　(B)旋制加工　(C)弯曲加工　(D)烤制加工

50. 带状纹理是(　　)的木材沿径向锯解,板材表面呈现出一条色深一条色浅形如带状的纹理。

(A)螺旋纹理　(B)绉状纹理　(C)团状纹理　(D)交错纹理

51. 木材各个方向表现出的硬度是不同的,根据我国木材的端面硬度标准可分为五级,水曲柳的端面硬度在 5 010～7 000 kPa 范围,属于(　　)级。

(A)硬　(B)中等　(C)软　(D)很软

52. 车辆上所有地板木梁、承木、垫木及枕木等是利用了木材的(　　)力学性能。

(A)顺纹抗拉　(B)横纹抗拉　(C)顺纹抗压　(D)横纹抗压

53. (　　)时间是辅助时间的一部分。

(A)检验工件　(B)自动进给　(C)加工工件　(D)测量

54. 木材要比一般的钢铁轻的多,与普通钢材相比,木材单位重量的强度比钢铁(　　)。

(A)小的多　(B)大的多　(C)差不多　(D)相等

55. 当木材的含水率低于纤维饱和点时,木材的强度开始变化,其变化规律是(　　)。

(A)含水率越高,木材强度越高　(B)含水率越低,木材强度越高

(C)含水率适当,其木材强度最低　(D)含水率适当,其木材强度最高

56. 水分自木材内部向外移动,在不同干燥阶段及不同干燥条件下以(　　)种形式向外扩散。

(A)一　(B)二　(C)三　(D)四

57. 木材干燥速度的快慢,除了木材本身结构性质和断面尺寸大小外,主要与干燥介质的(　　)种因素有关。

(A)一 (B)二 (C)三 (D)四

58. 木材的堆积方法有(　　)种。

(A)一 (B)二 (C)三 (D)四

59. 色木、桦木、水曲柳同属(　　)。

(A)硬木 (B)软木 (C)硬阔叶松 (D)软针叶材

60. 假想用剖切面将机件某处切断,仅画出断面的图形称为(　　)。

(A)视图 (B)剖视图 (C)剖面图 (D)断面图

61. 可能具有间隙或过盈的配合叫(　　)。

(A)配合公差 (B)间隙配合 (C)过渡配合 (D)过盈配合

62. 识别木材时主要采用(　　)。

(A)年轮鉴别法 (B)气味鉴别法 (C)容重鉴别法 (D)直观鉴别法

63. 斜度等于(　　)锥度。

(A)1/2 (B)1/3 (C)1/4 (D)1/5

64. 误差的大小与方向都是变化的,这种误差属于(　　)。

(A)系统误差 (B)随机误差 (C)疏忽误差 (D)机床误差

65. 工件在切削加工过程中所产生的误差是(　　)。

(A)制造误差 (B)安装误差 (C)加工误差 (D)系统误差

66. 单位面积上的内力叫(　　)。

(A)压力 (B)压强 (C)应力 (D)许用应力

67. 表示物体做功快慢的程度叫(　　)。

(A)速度 (B)功率 (C)速率 (D)效率

68. 1 kW 等于(　　)马力。

(A)1.414 (B)7.5 (C)1.36 (D)1.732

69. 一般安全电压应在(　　)以下。

(A)12V (B)24V (C)36V (D)48V

70. 能够可靠地隔绝电流的物体叫做绝缘体如(　　)。

(A)银 (B)橡胶 (C)铁 (D)铜

71. 当开关接通,电路内产生电流,负载正常工作时,此电路称为(　　)。

(A)通路 (B)开路 (C)短路 (D)线路

72. 三相交流电的(　　)三者之间的相位差相同,互差 120°。

(A)三个电动势的最大值相等,但角频率不相同

(B)三个电动势的最大值不等,角频率相同

(C)三个电动势的最大值不等,角频率不相同

(D)三个电动势的最大值相等,角频率相同

73. 三相发电机中的星形联接时,线电压与相电压的关系是(　　)。

(A)$U_{线}=U_{相}$ (B)$U_{线}=3U_{相}$ (C)$U_{线}=2U_{相}$ (D)$U_{线}=U_{相}$

74. 三相交流电动机的三角形连接其 $I_{线}$ 与 $I_{相}$ 关系为(　　)。

(A)$I_{线}=I_{相}$ (B)$I_{线}=3I_{相}$ (C)$I_{线}=2I_{相}$ (D)$I_{线}=1.41I_{相}$

75. 用于加工某一零件的机床叫(　　)。

(A)通用机床 (B)同用化机床 (C)专门化机床 (D)专用机床

76. 生产批量大,分摊到每个工件上的准备与终结时间就越(　　)。

(A)多 (B)少 (C)大 (D)小

77. 将若干个组件和零件连接结合在一起的装配过程叫(　　)。

(A)组件装配 (B)部件装配 (C)总装配 (D)组装

78. 中温回火一般温度在(　　)。

(A)150～250℃ (B)350～450℃ (C)500～650℃ (D)650℃以上

79. 中碳钢含碳量为(　　)。

(A)0.25% (B)0.25%～0.6% (C)0.6%～0.7% (D)0.7%以上

80. 中合金钢的合金元素总含量为(　　)。

(A)小于 50% (B)5%～10% (C)10%～30% (D)30%～50%

81. 在机械传动中,传动平稳无噪声,可以起自锁作用的属(　　)。

(A)皮带传动 (B)齿轮传动 (C)蜗杆传动 (D)气、液压传动

82. (　　)传动用于传递平行轴之间的运动和动力。

(A)圆柱齿轮 (B)圆锥齿轮 (C)螺旋齿轮 (D)蜗轮

83. 齿轮的传动比是始端主动轮转速与末端从动轮的转速成(　　)。

(A)正比 (B)反比 (C)无关系 (D)任意比

84. 木制品配料时,木料机械刨光的加工余量大小主要决定于木料的(　　)。

(A)断面尺寸大小 (B)木料的长度 (C)等级标准 (D)材质

85. 门窗扇厚度在 60 mm 以上时应划双夹榫,榫的厚度约为门窗扇厚度的(　　)。

(A)1/4 (B)1/5 (C)1/3 (D)1/2

86. 木制门的中榫头宽度在 145 mm 以上时,应划上、下双榫,并要单进双出双榫中每个榫的宽度约为料宽的(　　)。

(A)1/3 (B)1/4 (C)1/5 (D)1/2

87. 混油件油漆刮腻子的主要目的是(　　)。

(A)增加漆膜厚度 (B)增加油漆的附着力

(C)使漆膜表面平整光滑 (D)美观

88. 带锯条的自动磨锯机的凸轮形状,主要取决于带锯条的(　　)。

(A)锯齿形状 (B)锯条长度 (C)锯条宽度 (D)锯条厚度

89. 一般规定带锯条的厚度小于或等于锯轮直径的(　　)倍。

(A)1/10 (B)1/100 (C)1/1 000 (D)1/10 000

90. (　　)带锯磨锯机主要用于带锯条齿型的磨锐工作。

(A)MR1512 (B)MR113 (C)MR2513 (D)MR11

91. MR11 是(　　)。

(A)自动圆锯磨锯机 (B)锯条闪光焊接机

(C)自动磨锯机 (D)自动磨刀机

92. 直径为 200 mm 以上的砂轮,当磨耗到距法兰边缘的距离为(　　)时严禁使用。

(A)10～25 mm (B)25～30 mm (C)30～40 mm (D)40～50 mm

93. 使用辊压机时,手必须离开压料滚(　　)以上。

(A)15 cm (B)30 cm (C)100 cm (D)200 cm

94. 在圆锯片锯料形成的几种方法当中,简便易行,效果最好的一种是(　　)。

(A)压料机压料 (B)小锤钻砸料

(C)机械拨料—整料器整料 (D)手工拨料

95. 安装圆锯片法兰盘直径大小与锯片直径有关,锯片直径大,法兰盘直径也应该大一些,一般锯片直径在 500 mm 以下时,法兰盘直径在(　　)左右。

(A)100 mm (B)110 mm (C)120 mm (D)130 mm

96. MJ3210A 台式木工带锯机锯轮直径为(　　)。

(A)1 000 mm (B)1 067 mm (C)1 100 mm (D)1 200 mm

97. MJ5015 链截锯锯切原木直径(　　)。

(A)1 500 mm (B)1 300 mm (C)1 200 mm (D)1 000 mm

98. 带锯机的锯轮有上锯轮和下锯轮,其重量一般是(　　)。

(A)上锯轮重 (B)一样重

(C)下锯轮重 (D)下锯轮是上锯轮的倍数

99. 带锯机锯夹的作用是锯割木料时(　　)的装置。

(A)稳定锯条 (B)稳定木料 (C)稳定锯割进度 (D)导向

100. 带锯机的传动是电动机通过皮带轮和皮带驱动(　　)。

(A)上锯轮转动 (B)下锯轮转动

(C)带锯轮做往复运动 (D)带锯条回转

101. 带锯机的升降机构一般采用(　　)传动方式。

(A)蜗轮蜗杆 (B)三角皮带 (C)平皮带 (D)斜齿轮

102. 对有裂纹的原木下锯时应采取用锯口与裂纹方向(　　)。

(A)平行 (B)垂直 (C)成夹角 (D)任意角度

103. 带锯机的升降机构的升降距离为(　　)。

(A)150～180 mm (B)180～300 mm (C)300～350 mm (D)350～400 mm

104. 带锯条切割木材时,其切削方式为(　　)。

(A)木材挤压破坏 (B)先用齿尖切断木纤维再挤压破坏

(C)将木材切断 (D)将木材挤压切断

105. 跑车车桩一般最大步进量为(　　)。

(A)200 mm (B)300 mm (C)400 mm (D)415 mm

106. 带锯机制材时,锯路弯曲的原因是(　　)。

(A)齿刃不锋利 (B)适张度不匀或口松

(C)锯路太大 (D)自动张紧锯条的压砣过重

107. 带锯机的压砣机构可随时改变(　　)的位置。

(A)下锯轮 (B)上锯轮 (C)上下锯轮 (D)带锯机锯卡

108. 如果要把木材的色斑和不均匀色调消除,需要进行(　　)处理。

(A)漂白处理 (B)染色处理 (C)水煮处理 (D)防腐处理

109. 四面刨加工企口地板加工表面发黑,排除方法是(　　)。

(A)加工余量太大的工件不得在机床上加工

(B)将机床工作台面调成水平
(C)换刀
(D)将刀头调成与工作台面垂直
110. 四面刨加工工件表面出现凸痕，排除方法是(　　)。
(A)重新调整立刀高度
(B)换刀
(C)加工余量太大的工件不得在机床上加工
(D)将机床工作台面调成水平
111. 四面刨机加工企口地板企口断面倾斜，排除方法是(　　)。
(A)检查刀具断面形状及更换坏的刀具　(B)更换轴承
(C)换刀　(D)重新调整立刀高度
112. 压刨加工件测量时，发现端头厚度变小，原因是(　　)。
(A)刀轴与工作台面不平行　(B)刨刀安装时伸出量不一致
(C)前后下滚筒高度不一致　(D)下滚筒与工作台面不平行
113. 压刨加工件测量时，发现端头厚度变小，排除方法是(　　)。
(A)换刀
(B)检查刀片刃口伸出量，重新上刀调整
(C)调整刀轴两端高度
(D)检查下滚筒并调整其高度，使其高出工作台面高度适宜，前后高度一致
114. 压刨加工件测量时，加工表面部分地方凹进或成波浪，原因是(　　)。
(A)刀片两端伸出量不一致　(B)刀轴轴承损坏
(C)加工量太大　(D)送料方法不对
115. 压刨加工件测量时，加工表面部分地方凹进或成波浪，排除的方法是(　　)。
(A)调整下滚筒与工作台面平行　(B)进料时工件下平面应与工作台面贴紧
(C)清除工作台一切异物　(D)换刀
116. 平刨安全刨削木材的长度应在(　　)以上。
(A)250 mm　(B)300 mm　(C)350 mm　(D)400 mm
117. 木工铣床的主运动是(　　)运动。
(A)铣刀的高速旋转　(B)工件的高速旋转
(C)工件的进给　(D)铣刀和工件的同时旋转
118. 万能木工铣床的工作台由台面上、中、下滑板、底座和(　　)组成。
(A)导轨　(B)升降机构　(C)齿轮箱　(D)防护罩
119. 万能木工铣床的下滑板安装在底座上(　　)。
(A)可作横向移动　(B)可作纵向移动
(C)可作横、纵向移动　(D)可作 360°转动
120. 万能木工铣床的工作台的横向、纵向移动和转动是可以(　　)的。
(A)机动　(B)手动
(C)机动或手动　(D)机动或手动作移动，不可以转动
121. MX518 主轴转数为(　　)。

(A)1 400～3 000 r/min (B)1 400～4 200 r/min
(C)4 000～6 000 r/min (D)3 000～10 000 r/min

122. MX518 主轴最大升降高度为(　　)。
(A)100 mm (B)200 mm (C)300 mm (D)400 mm

123. MX519 主轴转数为(　　)。
(A)1 400～3 000 r/min (B)1 400～4 200 r/min
(C)4 000～6 000 r/min (D)3 000～10 000 r/min

124. MX519 电机转速为(　　)。
(A)500～1 500 r/min (B)1 440～2 880 r/min
(C)2 900 r/min (D)2 900～3 900 r/min

125. 木工铣床不可以加工(　　)。
(A)零件裁口 (B)弯曲工件
(C)圆形工件 (D)1/5 以上有节疤的工件

126. 木工龙门铣床的主要形式有(　　)。
(A)工作台移动式和龙门架移动式 (B)龙门架和滑板移动式
(C)工作台和滑板移动式 (D)龙门架移动式

127. 木工龙门铣床有两种铣头，它们是(　　)。
(A)立铣头和卧铣头 (B)立铣头和侧铣头
(C)侧铣头和卧铣头 (D)立铣头和任意铣头

128. 木制品变形的原因主要是由于其含水率太高，因此木制品的含水率应当达到以下程度最好，即(　　)。
(A)木制品的含水率应略低于平衡含水率
(B)木制品的含水率应略低于木材纤维饱和点
(C)木制品的含水率越低越好
(D)应控制在 8%以下

129. 木工榫槽机具备(　　)两个切削功能。
(A)钻削与铣削 (B)钻削与刨削 (C)钻削与插削 (D)铣削与刨削

130. 使用木工榫槽机加工，装卡刀具时，钻头的刃口部分应(　　)。
(A)比插刀长出一定距离 (B)比插刀短一定距离
(C)与插刀在同一高度上 (D)与插刀任意距离

131. 木制品榫结合公差与配合实行(　　)。
(A)基孔制 (B)基轴制 (C)过渡配合 (D)过盈配合

132. 镂铣机的机床代号是(　　)。
(A)MQB5114 (B)MB5114 (C)BQB5114 (D)MQX5114

133. 木材的加工缺陷主要有(　　)种。
(A)7 (B)8 (C)9 (D)10

134. 制材加工缺陷中，跑锯板的同义词为(　　)。
(A)走线 (B)锯口缺陷 (C)偏沿子 (D)刹板

135. 制材加工缺陷中，跑锯的同义词为(　　)。

(A)走线　　(B)锯口缺陷　　(C)偏沿子　　(D)刹板

136. 制材加工缺陷中,锯割的同义词为(　　)。

(A)走线　　(B)锯口缺陷　　(C)偏沿子　　(D)刹板

137. 制材加工缺陷中,瓦棱状锯痕的同义词为(　　)。

(A)水波纹　　(B)搓板纹　　(C)毛刺糙面　　(D)锯割缺陷

138. 制材加工缺陷中,波状纹的同义词为(　　)。

(A)水波纹　　(B)搓板纹　　(C)毛刺糙面　　(D)锯割缺陷

139. 制材加工缺陷中,凸腹与凹腹的同义词为(　　)。

(A)鲶鱼头　　(B)材面凸肚　　(C)锯口缺陷　　(D)材面突出

140. 制材加工缺陷中端部突出的同义词为(　　)。

(A)鲶鱼头　　(B)材面凸肚　　(C)锯口缺陷　　(D)材面突出

141. 压料齿带锯条的用途为(　　)。

(A)横截木材

(B)纵剖木材

(C)细木工带锯机用,多用于曲线形零件的锯割

(D)跑车带锯机和平台再剖带锯机用,锯割原木或板方材

142. 拨料齿带锯条的主要用途为(　　)。

(A)横截木材

(B)纵剖木材

(C)锯剖原木和方材

(D)细木工带锯机用,多用于曲线形零件的锯剖

143. 横截圆锯片的主要用途是(　　)。

(A)横截木材　　(B)纵剖木材　　(C)纵向锯剖木材　　(D)横向锯剖木材

144. 刨刀的主要用途是(　　)。

(A)刨削木材平面　　(B)加工平口木板两侧平面

(C)纵向锯剖木材　　(D)横向锯剖木材

145. S型整体铣刀主要用于(　　)。

(A)铣削各种曲面形状　　(B)铣削榫头或沟槽

(C)铣削平面　　(D)裁口和起线

146. 直槽单刃端铣刀主要用于(　　)。

(A)铣削榫槽　　(B)铣削平面

(C)铣削各种曲面形状　　(D)铣削燕尾形箱榫

147. 直槽双刃端铣刀主要用于(　　)。

(A)铣削平面　　(B)铣削榫槽

(C)铣削各种曲面形状　　(D)铣削直肩斜肩榫头

148. 燕尾形端铣刀主要用途是(　　)。

(A)铣削榫槽　　(B)铣削平面

(C)铣削各种曲面形状　　(D)铣削燕尾形箱榫

149. 木工麻花钻头主要用于(　　)。

(A)钻削埋头圆孔　　(B)钻削圆孔
(C)钻削方形榫眼　　(D)钻削要挖补的死木节、虫眼等

150. 木工埋头麻花钻头主要用于(　　)。
(A)钻削埋头圆孔　　(B)钻削圆孔
(C)钻削方形榫眼　　(D)钻削要挖补的死木节、虫眼等

151. 木工方套钻头主要用于(　　)。
(A)钻削埋头圆孔　　(B)钻削圆孔
(C)钻削方形榫眼　　(D)钻削要挖补的死木节、虫眼等

152. 木工片状钻头主要用于(　　)。
(A)钻削埋头圆孔　　(B)钻削圆孔
(C)钻削方形榫眼　　(D)钻削要挖补的死木节、虫眼等

153. 木工套料钻头主要用于(　　)。
(A)钻削埋头圆孔　　(B)钻削圆孔
(C)钻削方形榫眼　　(D)专门用来钻取供挖补圆节用的木堵。

154. 数控的英文缩写为(　　)。
(A)NC　　(B)SC　　(C)SK　　(D)NK

155.(　　)是未来木材机械加工技术的发展方向。
(A)多片锯　　(B)多功能四面刨　　(C)数控木工机床　　(D)木材综合利用

156. 数字控制系统中的控制信息是(　　)。
(A)数字量　　(B)英文单词　　(C)程序语言　　(D)汉字

157. 用数字化信息进行控制的自动控制技术称为(　　)。
(A)高新技术　　(B)数字控制技术　　(C)数控语言　　(D)数控系统

158. 数控机床进行加工,首先必须将工件的几何信息和工艺信息(　　),并编制出加工程序输入数控系统。
(A)格式化　　(B)程序化　　(C)数字化　　(D)语言化

159. 信息处理是数控的核心任务,由(　　)来完成。
(A)计算机　　(B)操作者　　(C)数控机床开发商　　(D)数控机床本身

160. 数控机床的程序输入可分为(　　)方式。
(A)一种　　(B)两种　　(C)三种　　(D)四种

161. 数控机床常用的功能指令代码是(　　)。
(A)S. H　　(B)J. C　　(C)G. M　　(D)M

162. G代码和M代码是描述零件加工工序各种操作和运行特征的(　　)。
(A)最小单位　　(B)基本单位　　(C)基本语言　　(D)英文缩写

163. 数控机床中,机床直线运动所使用的坐标系规定平行于主轴的轴线为(　　)轴。
(A)X　　(B)Y　　(C)Z　　(D)任意

164. 木工的量具很多,一般常用的有(　　)。
(A)两种　　(B)三种　　(C)四种　　(D)五种

165. 木工常用的划线符号有(　　)规定。
(A)五种　　(B)六种　　(C)七种　　(D)八种

166. 木材硬度在端面、径切面和弦切面各不相同，硬度最大的是(　　)。
(A)端面　(B)径切面　(C)弦切面　(D)斜切面
167. 胶合板的翘曲度=(　　)。
(A)胶合板长度方向的弦高/胶合板长度　(B)胶合板宽度方向的弦高/胶合板宽度
(C)对角线最大弦高/对角线长度　(D)中心最大挠度
168. 木结构的榫头分为明榫和暗榫，明榫比暗榫的强度(　　)。
(A)小　(B)大　(C)相同　(D)弱
169. 半榫的长度应比榫槽深度(　　)。
(A)短 2 mm 左右　(B)相同　(C)长 2 mm　(D)保持±1 mm
170. 木质件挖补时，子板(补板)的含水率比母板(工件)含水率(　　)。
(A)高　(B)低　(C)相同　(D)高 5%
171. 使用平刨机加工矩形截面木料时，其加工程序是(　　)。
(A)先刨大面，后刨小面　(B)先刨小面，后刨大面
(C)都可以　(D)先刨小面，后刨大面
172. 平刨机加工木零件的主要目的是(　　)。
(A)得到需要的光洁度　(B)得到所需的断面尺寸
(C)得到加工基准面　(D)满足形位公差
173. 车辆全长指的是(　　)。
(A)车体长度　(B)车体两端车钩内舌面之间距离
(C)两端车钩外端面之间的距离　(D)转向架中心距
174. 涂醇酸清漆木质件的第一道工序是(　　)。
(A)涂底漆　(B)染色填孔　(C)木质件表面处理　(D)刮腻子
175. 工件材料的强度和速度愈高，切削力就(　　)。
(A)愈大　(B)愈小　(C)切削力不变　(D)到固定值时不再变化
176. 木材含水率对强度影响很大。一般来说，含水率每增加 1%，木材强度较原来降低(　　)。
(A)3%～5%　(B)10%～20%　(C)30%～50%　(D)1%左右
177. 在质量管理活动中，分析质量问题常用的因果图又叫(　　)。
(A)散布图　(B)直方图　(C)鱼刺图　(D)排列图
178. 工艺过程的基本组成单元是(　　)。
(A)工步　(B)工序　(C)工段　(D)工艺
179. 准轨铁路轨距是(　　)。
(A)1 000 mm　(B)1 435 mm　(C)1 520 mm　(D)1 676 mm
180. 下列表示木材的纵剖面符号是(　　)。
(A)　(B)　(C)　(D)
181. 下列表示木材的横剖面符号是(　　)。
(A)　(B)　(C)　(D)
182. 木工划线中表示下料线的是(　　)。

(A)　(B)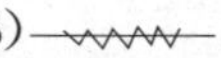　(C)　(D)

183. 木工划线中表示作废线的是(　　)。

(A)　(B)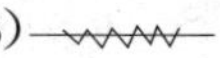　(C)　(D)

184. 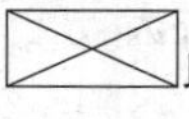此图表示(　　)。

(A)半眼　(B)全眼　(C)明榫　(D)暗榫

185. 操作设备发生电气故障时应(　　)。

(A)及时自行处理　(B)及时找班组长处理

(C)停止操作,及时找维修电工处理　(D)停止操作等待处理

186. 所谓产品是指(　　)。

(A)具有特定形状的可分离的有形产品

(B)硬件产品和流程材料产品的总称

(C)硬件、流程性材料及软件产品的总称

(D)硬件、软件、流程材料及服务四大类别产品的总称

187. 使用新设备时首先要(　　)。

(A)检查各部分状态　(B)开机试用

(C)熟悉使用说明书　(D)清洗加油

三、多项选择题

1. 属于针叶树的木材有(　　)。

(A)水曲柳　(B)松木　(C)杉木　(D)柏木

2. 机械制图中常用的线形有(　　)。

(A)粗实线　(B)细实线　(C)粗点画线　(D)波浪线

3. 树木变色缺陷主要有:(　　)。

(A)外表变色　(B)外部变色　(C)深度变色　(D)内部变色

4. 设计基准是在零件图上用来确定其他(　　)位置的基准。

(A)点　(B)线　(C)面　(D)体

5. 工艺基准是在(　　)时所依据的基准。

(A)检查　(B)加工　(C)测量　(D)装配

6. 木工常用的长度单位符号有:(　　)。

(A)m　(B)cm　(C)mg　(D)mm

7. 木材自然干燥的堆积方法有:(　　)。

(A)分层堆积法　(B)垫条堆积法　(C)井字堆积法　(D)架立堆积法

8. 在实际生产中,木材的主要切面有(　　)。

(A)横切面　(B)顺切面　(C)弦切面　(D)径切面

9. 锉刀可分为(　　)三大类。

(A)普通锉　(B)特殊锉　(C)圆锉　(D)整形锉

10. 木材弯曲工艺主要包括:配料、(　　)和干燥定型。

(A)加工　(B)蒸煮　(C)弯曲　(D)冷却

11. 纵剖圆锯片有(　　)两种。

(A)斜三角齿　(B)左右齿　(C)梯平齿　(D)狼牙齿

12. 刨锯片锯齿有(　　)两种。

(A)错牙型齿　(B)斜三角齿　(C)正三角齿　(D)左右齿

13. 机械制图中,对剖视图可以采用(　　)以下三种分类。

(A)全剖视图

(B)半剖视图

(C)投影视图

(D)对称中心线为界,一半画成剖视,另一半画成视图

14. 按榫头的形状,榫头主要分为(　　)。

(A)直角榫　(B)椭圆榫　(C)燕尾榫　(D)圆榫

15. 基本视图选择剖视种类应注意的原则(　　)。

(A)尽可能多的表达清楚内部结构　(B)图形不要过多

(C)剖视图尽可能多　(D)详细表达主要结构

16. 装配图上的标注尺寸包括(　　)。

(A)总体轮廓尺寸　(B)部件尺寸　(C)零件尺寸　(D)定位尺寸

17. 机械制图中三视图的名称是:(　　)。

(A)右视图　(B)主视图　(C)俯视图　(D)左视图

18. 常用的三种钢锉是(　　)。

(A)圆锉　(B)刀锉　(C)平锉　(D)三棱锉

19. 常用平刨刀分(　　)两种类型。

(A)横切刨刀　(B)有孔槽的厚刨刀

(C)成形刨刀　(D)没有孔槽的薄刨刀

20. 机床夹具按照通用化程度可分为(　　)。

(A)通用夹具　(B)专用夹具　(C)成组可调夹具　(D)组合夹具

21. 木材按腐朽在树杆分布的部位不同分为(　　)。

(A)外部腐朽　(B)局部腐朽　(C)根节腐朽　(D)内部腐朽

22. 木材的受力按受力方向可分为(　　)。

(A)顺纹受力　(B)横纹受力　(C)直纹受力　(D)斜纹受力

23. 树干上的活枝条或枯死枝条,在树干中着生的断面称为(　　)。

(A)枝节　(B)节子　(C)木节　(D)节疤

24. 木材的物理性能主要指(　　)。

(A)含水率　(B)干缩湿胀　(C)树脂　(D)容重

25. 阔叶树材通常只有轴向创伤树胶道,在横切面上呈弦线排列,肉眼下容易看见,如(　　)等。

(A)枫香　(B)刺柏　(C)木棉　(D)山桃仁

26. 在树种的区分上大体可以分为(　　)。

(A)普通树种　(B)稀有树种　(C)显心材树种　(D)隐心材树种

27. 单位合格产品中某种材料消耗量是(　　)之和。

(A)净用量　(B)定额数　(C)损耗量　(D)人工数

28. 木材翘曲变形主要有四种,即(　　)。

(A)瓦形翘曲　(B)弓形翘曲　(C)边弯　(D)扭曲

29. 常见的刀具材料有碳素工具钢(　　)等。

(A)合金工具钢　(B)高速钢　(C)硬质合金　(D)陶瓷刀具

30. 毛料的刨削加工是将配料后的毛料经(　　)而成为合乎规格尺寸要求的净料。

(A)精基面加工　(B)基准面加工　(C)净表面加工　(D)相对面加工

31. 影响木材强度的主要因素有(　　)以及木材缺陷。

(A)容重　(B)木材含水率

(C)木材受力时间长短　(D)周围温度

32. 关于榫头和榫眼的配合,以下描述错误的是(　　)。

(A)为使榫头易于插入榫眼,常将榫端倒棱,两边或四边削成35°的斜棱

(B)榫头的宽度不宜小于构件厚度的1/4,也不宜大于构件厚度的1/2,否则容易发生构件断裂现象

(C)当采用明榫接合时,榫头的长度等于榫眼零件宽度(或厚度)

(D)榫头的厚度视零件的断面尺寸的接合要求而定,单榫的厚度接近于方材厚度或宽度的0.4～0.5倍

33. 基本视图有(　　)。

(A)主视图　(B)俯视图　(C) 右视图　(D) 左视图

34. 直线度的测量方法,常用的有(　　)三种主要方法。

(A)目视测量法　(B)间接测量法　(C)光线基准法　(D)实物测量法

35. 木工钻床上常用的钻头有(　　)。

(A)麻花钻头　(B)特种钻头　(C)方钻头　(D)空心钻头

36. 刨花板的特点是(　　)。

(A)隔声性能好　(B)隔热性能好　(C)抗菌性能高　(D)强度高

37. 加工余量的大小直接影响(　　)。

(A)加工的质量　(B)零件正品率　(C)木材利用率　(D)劳动效率

38. 装饰贴面板的优点是(　　)。

(A)耐腐蚀　(B)耐磨　(C)耐烫　(D)防水性能好

39. 拼板机的主要类型有:(　　)。

(A)风车式胶拼机　(B)带式胶拼机　(C)回转式胶拼机　(D)液压高频胶拼机

40. 游标卡尺可以做零部件的(　　)。

(A)外部测量　(B)内部测量　(C)质量测量　(D)深度测量

41. 刀具工作角度标注的辅助坐标平面为(　　)。

(A)基面　(B)垂直面　(C)刃口面　(D)切削平面

42. 研究木材构造时可分为三个层次,包括(　　),它们在木材科学研究中都有不可缺少的作用。

(A)超微构造特征　(B)显微构造特征　(C)表面构造特征　(D)宏观构造特征

43. 剖视图分为(　　)。

(A) 放大视图　(B) 全剖　(C)局部剖　(D) 半剖

44. 木材的强度主要是指其(　　)强度。由于木材的构造各向不同,使其各向强度有很大差异。

(A)抗拉　(B)抗压　(C)抗弯　(D)抗剪

45. 机械进给平刨床分为以下两种,即(　　)。

(A)辊筒进给　(B)手工进给　(C)自动进给　(C)履带进给

46. 用下轴铣床可以加工(　　)。

(A)基准面　(B)侧基准面　(C)基准边　(D)曲面

47. 以下(　　)属于带锯机操作中造成锯出木料弯曲的原因。

(A)跑车横向摇摆　(B)进锯速度不均匀

(C)锯条刚性大、韧性小　(D)工作台不平,进料辊筒不圆

48. 木工机具是指从原木锯剖到加工成木制品的各种加工设备,它包括(　　)。

(A)制材设备　(B)细木工设备　(C)家具机械设备　(D)木工刀具刀磨设备

49. 锯机可以分为(　　)三种。

(A)带锯机　(B)圆锯机　(C)排锯机　(D)剖锯机

50. 木工机床机械零件的磨损种类主要有两种:(　　)。

(A)工件磨损　(B)自然磨损　(C)意外磨损　(D)人工磨损

51. 平刨安全防护装置一般常用的有(　　)等。

(A)方罩　(B)扇形罩　(C)双护罩　(D)护指键

52. 属于阔叶树的木材有(　　)。

(A)柞木　(B)水曲柳　(C)榆木　(D)榉木

53. 钻头式孔眼加工的刃具种类很多,常用的是(　　)。

(A)锋钢钻头　(B)方钻头　(C)麻花钻头　(D)圆钻头

54. 木工机械其特点有切削速度高、(　　)。

(A)精度一般低

(B)结构简单

(C)不需要冷却装置,但需要排屑除尘装置

(D)噪声大

55. 以下不属于形状公差的是(　　)。

(A)同轴度　(B)垂直度　(C)平面度　(D)圆跳动

56. 木材干燥设备装置散热器有(　　)组成。

(A)钢管式　(B)合金式　(C)铝管式　(D)肋型暖气管式

57. 位置公差按几何特征可以分为(　　)。

(A)定向公差　(B)定位公差　(C)跳动公差　(D)尺寸公差

58. 木结构是指组成木材各种细胞的大小和性质,有(　　)。

(A)粗结构　(B)细结构　(C)均匀结构　(D)不均匀结构

59. 木材按加工与用途不同,可分为(　　)。

(A)新材　(B)原木　(C)杉元条　(D)板方材

60. 木材按木质的软、硬程度不同分为两类(　　)。
(A)阔叶类　(B)软木类　(C)硬木类　(D)针叶类
61. 圆锯机按照加工特征不同,可分为(　　)。
(A)纵剖圆锯机　(B)横截圆锯机　(C)万能圆锯机　(D)单锯片圆锯机
62. 在木材加工中用于裁口、起线开榫作业使用的铣削机械主要有(　　)。
(A)打眼机　(B)开榫机　(C)立式铣床　(D)起线机
63. 以下属于圆锯机使用注意事项的有(　　)。
(A)轴承和锯轴应经常检查和润滑
(B)锯片上方应安装保险挡板和滴水装置
(C)操作时应戴防护眼镜,站在锯片一侧
(D)锯料长度应不小于 500 mm
64. 对于尺寸较小的木材的堆积方法可采用(　　)。
(A)X 形堆积　(B)三角形堆积　(C)交搭堆积　(D)交替堆积
65. 圆锯机使用常见的故障有(　　)。
(A)锯截时锯缝太宽　(B)工作时锯片异常发热
(C)锯末堵塞锯齿　(D)锯齿易钝,锯尖易崩裂
66. 手工木工用锯按其构造不同可分为(　　)等。
(A)刀锯　(B)侧锯　(C)板锯　(D)框锯
67. 胶合板按照表面加工分类,可分为(　　)。
(A)砂光胶合板　(B)刮光胶合板　(C)夹芯胶合板　(D)贴面胶合板
68. 轻型四面刨床一般有四根刀轴,布置方式为(　　)。
(A)上水平刀轴　(B)左右垂直刀轴　(C)下水平刀轴　(D)上下水平刀轴
69. 木工车床类型较多,基本可以归纳为(　　)。
(A)普通木工车床　(B)端面木工车床　(C)仿型木工车床　(D)专用木工车床
70. 铣削加工采用逆铣加工方式的特点(　　)。
(A)可手工进料　(B)切削力大　(C)冲击小　(D)切削质量好
71. 锯条的加工包括开凿、压料、切断、(　　)等。
(A)焊接　(B)磨齿　(C)押料　(D)拨料
72. 木工铣床的整体成型铣刀有(　　)。
(A)成型多刃铣刀　(B)S 型双刃铣刀　(C)单刃铣刀　(D)装配式铣刀
73. 影响铣削表面质量的因素有(　　)。
(A)工件振动　(B)刀轴颤动　(C)刀具与刀轴配合　(D)刀具不平衡度
74. 实现木材切削的三个基本要素是(　　)。
(A)切削运动　(B)方法　(C)刀具　(D)工件
75. 切削层尺寸参数主要有(　　)。
(A)切削厚度　(B)切削宽度　(C)切削面积　(D)切削长度
76. 以下锯割方法属于带锯机典型工件锯割方法的是(　　)。
(A)曲线锯割法　(B)弯料锯割法　(C)斜面锯割法　(D)锥形锯割法
77. 带锯机锯条断裂的原因有:(　　)。

(A)锯机振动　　(B)锯条刚性大，韧性小
(C)齿刃不锋利　　(D)进料速度快

78. 木材中主要有三种形式的水，即(　　)。
(A)自由水　(B)化合水　(C)吸附水　(D)结合水

79. 按照钻轴的位置对木工钻床进行分类，可分为(　　)。
(A)立式钻床　(B)卧式钻床　(C)多轴钻床　(D)组合钻床

80. 带锯机按工艺用途可分为(　　)。
(A)原木带锯机　(B)再剖带锯机　(C)细木工带锯机　(D)木方带锯机

81. 木工钻床按照控制方式可分为(　　)。
(A)手动　(B)半自动　(C)自动　(D)数控

82. 按照铣刀的外形进行分类，铣刀主要分为(　　)。
(A)圆柱铣刀　(B)圆锥铣刀　(C)圆盘铣刀　(D)柄铣刀

83. 木材经过干燥后，发生变形的类型主要有(　　)。
(A)翘弯　(B)扭曲　(C)顺弯　(D)横弯

84. 木工铣床按照主轴布局可分为(　　)。
(A)上轴铣床　(B)下轴铣床　(C)卧式铣床　(D)立式铣床

85. 圆锯片工作时，锯片内的应力主要有：(　　)。
(A)适张应力　(B)回转应力　(C)热应力　(D)弯曲应力

86. 按照磨具的形式和使用方法，磨光机(砂光机)可分为(　　)和轮式磨光机。
(A)盘式磨光机　(B)带式磨光机　(C)辊式磨光机　(D)刷式磨光机

87. 机械进给圆棒机相对手工进给圆棒机的优点有(　　)。
(A)生产效率高　(B)劳动强度小　(C)生产效率低　(D)劳动强度大

88. 以下特点属于锯片往复式裁板机优点的有(　　)。
(A)通用性强　(B)生产效率高　(C)原材料利用率高　(D)锯切质量好

89. 木工车床维修时主要维修内容有(　　)。
(A)检查各部分手柄位置是否正确　　(B)检查顶尖安装是否牢固
(C)检查尾座及刀架下面是否有木屑　　(D)按润滑要求进行润滑

90. 皮带传动中分(　　)两种。
(A)平皮带传动　(B)三角皮带传动　(C)多沟皮带传动　(D)齿形带传动

91. “(　　)、环”是分析影响产品质量的主要因素。
(A)人　(B)机　(C)料　(D)法

92. 机械润滑不仅改善零件的磨损程度，还具有(　　)的作用。
(A)冷却　(B)防腐和阻尼　(C)清洁　(D)提高工效

93. 施工机械设备保养计划的分类为(　　)。
(A)阶段保养计划　(B)季度保养计划　(C)月度保养计划　(D)每周保养计划

94. MZ515 型立式单轴木工钻床可用来钻(　　)等。
(A)圆孔　(B)方孔　(C)直孔　(D)斜孔

95. 带锯齿齿形主要有(　　)。
(A)凸锯齿　(B)直背齿　(C)曲背齿　(D)凹背齿

96. 铣削按照进给运动相对于主运动方向,可分为(　　)。
(A)直铣　(B)顺铣　(C)逆铣　(D)立铣
97. 按照结构形式,带锯机摇尺机构按照结构形式分类,主要有(　　)。
(A)手动摇尺机构　(B)电动摇尺机构　(C)自动摇尺机构　(D)液动(气动)摇尺机构
98. 依据磨具和工件表面接触的状态划分,磨削的种类主要有三种,分别为(　　)。
(A)点磨削　(B)线磨削　(C)平面磨削　(D)曲面磨削
99. 提高圆锯片动态稳定性的方法主要有:(　　)。
(A)适张处理　(B)锯齿打磨　(C)锯身开槽　(D)控制热应力
100. 磨削的种类主要分为:(　　)、轮式磨削五大类。
(A)盘式磨削　(B)带式磨削　(C)辊式磨削　(D)刷式磨削
101. 铣削分类中顺铣的特点:(　　)。
(A)冲击小,切削平稳
(B)切削力小,进给力大
(C)既可机械进料,也可手工进料
(D)易形成超前裂缝,切削质量差
102. 铣削分类中逆铣的特点:(　　)。
(A)冲击大
(B)切削力大,进给力小
(C)只能机械进料
(D)能降低超越裂缝,切削质量好
103. 木工刀具材料应具备的性能是(　　)和工艺性。
(A)热硬性　(B)耐磨性　(C)锋利性　(D)经济性
104. 影响圆锯片适张度的因素主要有刀轴切削圆直径、(　　)。
(A)刀轴切削温度　(B)锯齿负荷　(C)进给速度　(D)刀具材质
105. 胶结合的优点有(　　)。
(A)可以充分利用木材
(B)密合性能好
(C)外形美观
(D)可防止木料崩裂
106. 开榫机是铣削木制品的各种榫头的机床,常见的有(　　)。
(A)直榫开榫机　(B)箱榫开榫机　(C)槽式开榫机　(D)燕尾榫开榫机
107. 开榫机的安全生产要点主要包括:(　　)。
(A)开机前检查刀头有无裂纹,螺栓是否紧固
(B)装入刀体的刀片重量要一致
(C)开车时必须逐个启动刀头,不用的刀头不要起动。起动的刀头待运转正常后再开动送料部分
(D)燕尾式开榫机模板的滑动部分要保持清洁;梳齿榫开榫机卡料需卡牢,防止料被甩出,旋紧刀头时不要扳旋合金钢片,以免合金钢片开焊甩出而伤人
108. 木工车床的调整工作主要有(　　)。
(A)工件的定位　(B)车刀的调整　(C)每转进给量调整　(D)主轴转速调整
109. 压刨机床开机前应进行的调整有:(　　)。
(A)工作台与刀刃应平行
(B)前、后下滚筒凸出工作台的高度
(C)前上进料滚筒调整
(D)后上送料滚筒及压紧装置调整
110. 圆棒机按照用途分类可以分为(　　)。
(A)加工直线圆柱表面圆棒机

(B)加工具有一定曲率半径的圆柱表面圆棒机
(C)工件端部加工成锥体的圆棒机
(D)工件端部加工成半圆形的圆棒机

111. 木工镂铣机床主要用于铣削平面、(　　)等用途的木工机床。
(A)曲线表面　(B)开各种腰鼓形的榫槽
(C)钻孔　(D)扩孔

112. 工艺设计的依据包括(　　)。
(A)产品的设计要求　(B)相应的规范、规程标准
(C)企业本身的条件　(D)工艺设计的内容指标

113. 机械设备安全防护装置有(　　)。
(A)防护罩　(B)防护挡板　(C)联动装置　(D)防连冲装置

114. 机械设备伤害形式有(　　)。
(A)飞出物打击　(B)砸伤、挤伤危险
(C)高压液体射伤危险　(D)以上都不是

115. 操作人员防护要求包括(　　)。
(A)操作旋转设备,禁止戴手套
(B)生产作业场所不准赤膊
(C)不准穿戴围巾、围裙,脖子上不准佩戴装饰品
(D)以上都不是

116. 下列(　　)木工机械必须设有防护装置。
(A)带锯机　(B)圆锯机　(C)手压平刨　(D)卷扬机

117. 机械设备检查可分为(　　)三种。
(A)日常检查　(B)月度检查　(C)年度检查　(D)定期检查

118. 施工机械使用管理中的"三定"责任制是指(　　)。
(A)定机械　(B)定管理人员　(C)定岗位　(D)定操作人员

119. 施工机械实行交接班制,交接的内容有(　　)。
(A)机械的运转情况　(B)工程质量　(C)机械附件　(D)机械的保养情况

120. 设备的有形磨损会影响设备的(　　)。
(A)自然寿命　(B)技术寿命　(C)经济寿命　(D)周期寿命

121. 欧姆定律反映了电路中(　　)之间的关系。
(A)电压　(B)电流　(C)电阻　(D)功率

122. 机械事故按其发生的原因和性质,可分为(　　)。
(A)责任事故　(B)非责任事故　(C)大事故　(D)重大事故

123. 热压机按照按压力分为:(　　)。
(A)低压机　(B)中压压机　(C)饱和压机　(D)高压压机

124. 跑车传动机构主要有车上传动和车下传动两大类,车下传动机构有:(　　)。
(A)钢丝绳传动　(B)齿条传动　(C)液压传动　(D)链传动

125. 热压机按照按制品形状分为:(　　)。
(A)平压机　(B)圆压机　(C)成型机　(D)方压机

126. 不应佩戴手套进行操作的作业是(　　)。

(A)车削加工　(B)搬运重件　(C)钳工画线　(D)钻削加工

127. 在对机器设备的危险状态进行系统评价时,应充分考虑暴露于机器危险中的人员情况,这里的人员是指对机器的(　　)人员。

(A)直接操作　(B)安装调试　(C)保养修理　(D)成本核算

128. 机器上设置安全防护罩的主要作用是(　　)。

(A)使机器外观更美观　(B)将运动零部件与人隔离

(C)防止机器受到损坏　(D)容纳破坏的运动零件的碎块

129. 安全防护装置的选择应考虑人员所涉及的危险及作业性质。机械正常运转时需要进入危险区的场合,应优先考虑选用(　　)。

(A)自动停机装置　(B)联锁装置

(C)双手操纵装置　(D)可调防护装置

130. 工作过程和操作内容的设计应避免超越生理或心理的功能范围,考虑负载限度和工作节奏时,应该尽可能避免(　　),保护作业人员的健康和安全。

(A)用力过度　(B)工作节奏频率过快

(C)被动配合机器的自动节拍　(D)超负荷

131. 加工零件的产品质量包括(　　)。

(A)尺寸精度　(B)表面粗糙度

(C)加工表面残余应力　(D)形状精度

132. 木工钻床按照钻轴布置方式分为(　　)。

(A)立式钻床　(B)卧式钻床　(C)可倾斜式钻床　(D)柜式钻床

133. 使用电钻钻孔攻丝时,要使用到的消耗工具有(　　)。

(A)钻头　(B)十字刀头　(C)壁纸刀　(D)丝锥

134. 清理工作场地主要包括(　　)。

(A)清理现场垃圾　(B)整理工具　(C)整理辅材　(D)整理料件

135. 目前常见的普通螺纹的制式有(　　)。

(A)公制　(B)英制　(C)统一制　(D)澳制

136. 切割片根据材质主要分为(　　)。

(A)纤维树脂切割片　(B)金属切割片　(C)金刚石切割片　(D)砂石切割片

137. 公差原则分为(　　)。

(A)独立原则　(B)相关原则　(C)互换原则　(D)叠加原则

138. 钻削操作时,切削容量的要素是(　　)。

(A)切削速度　(B)进给量　(C)吃刀量　(D)前刀角

139. 最基本的电工电路由(　　)组成。

(A)电源　(B)导线　(C)负载　(D)控制器

140. 划线工具按用途分类有(　　)。

(A)基准工具　(B)量具　(C)绘画工具　(D)辅助工具

141. 对于尺寸公差,下列叙述正确的是:(　　)。

(A)公差值前面可以标“+”号　(B)公差值前面可以标“—”号

(C)公差可以为零值　　(D)公差值前面不应标“+”、“-”号

142. 平刨床按工作台宽度尺寸可以分为(　　)。

(A)轻型　(B)中型　(C)微型　(D)重型

143. 三视图具有(　　)的投影关系。

(A)长对正　(B)高平齐　(C)高相等　(D)宽相等

144. 封边机按照加热方式分为(　　)。

(A)电流加热式　(B)电阻加热式　(C)低电压加热式　(D)高频加热式

145. 木工刀具材料应具备以下性能(　　)。

(A)耐磨性　(B)经济性　(C)锋利性　(D)工艺性

146. 影响圆锯片适张度的因素主要有(　　)组成。

(A)刀轴切削圆直径　(B)刀具材质　(C)进给速度　(D)锯齿负荷

147. 铣刀的设计可分为(　　)几大步骤。

(A)分析截形　　(B)基本参数确定

(C)齿背曲线、齿宽及截形　　(D)齿槽、端面设计

148. 影响木材切削性能的外在因素有(　　)。

(A)机床的振动　(B)刀具材料　(C)刀具角度　(D)进给速度

149. 木工钻床按照进给的方式分类,分为(　　)。

(A)立式　(B)手工进给　(C)机械进给　(D)卧式

150. 常用清洗液有(　　)。

(A)工业汽油　(B)煤油　(C)化学清洗液　(D)柴油

151. 以下优点属于连续压机优点的有(　　)。

(A)原材料消耗率低　(B)板材规格多　(C)节电、省热　(D)材尽其用

152. 锯片往复式裁板机的优点有(　　)。

(A)精度高　(B)易于自动化控制　(C)生产率高　(D)可纳入自动生产线

153. 以下表面加工中属于铣床加工范围的有(　　)。

(A)直线　(B)锯切　(C)开榫　(D)裁口

154. 以下属于单面压刨床组成的部件有(　　)。

(A)进给机构　(B)传动机构　(C)升降机构　(D)操作机构

155. 刨削加工的工艺特点是(　　)。

(A)加工质量低　　(B)生产效率低

(C)适应性强通用性好　　(D)宽刃细加工质量高

156. 钻削用量包括(　　)。

(A)切削速度　(B) 冷却速度　(C) 进给量　(D)吃刀量

157. 金属材料钻孔时,选择转速和进给量的方法正确的是(　　)。

(A)用小钻头钻孔时,转速可快些,进给量要大些

(B)用大钻头钻孔时,转速要慢些,进给量要小些

(C)用小钻头钻硬材料时可适当地减慢速度

(D)钻软材料时,转速要快些,进给量要大些

158. 属于切削液作用的是(　　)。

(A)冷却　(B)润滑　(C)提高切削速度　(D)清洗

159. 按照切削刃相对于铣刀旋转轴线的位置以及切削刃工作时所形成的表面,铣削主要分为:(　　)。

(A)梯形铣削　(B)圆柱铣削　(C)圆锥铣削　(D)端面铣削

160. 切削用量对钻削的影响有(　　)。

(A)防止钻头过早磨损　(B)防止钻头损坏

(C)防止机床过载　(D)提高工件的切削精度

161. 封边机按照部件边沿的形状分为(　　)。

(A)直线平面封边机　(B)立体封边机　(C)单面封边机　(D)直线曲面封边机

162. 跳动公差包括(　　)。

(A)径向圆跳动　(B)端面圆跳动　(C)斜向圆跳动　(D)端面全跳动

163. 压刨床的正确调整对提高工件加工质量至关重要,以下属于压刨床调整内容的有(　　)。

(A)工作台调整

(B)断屑器、压紧器、进给滚筒与刀轴位置的调整

(C)刀片在刀轴上安装与调整

(D)进料速度的调整

164. 影响磨削质量的因素主要有:磨削速度、木材性质、(　　)等因素。

(A)进给速度　(B)磨料粒度　(C)磨削压力　(D)磨削方式

165. 热压机按照加工工艺可分为:(　　)。

(A)预压机　(B)空压机　(C)热压机　(D)冷压机

166. 机械进给木工铣床相对手工进给木工铣床的优点有(　　)。

(A)生产效率高　(B)生产效率低　(C)劳动强度小　(D)劳动强度大

167. 按齿轮形状不同可将齿轮传动分为(　　)传动。

(A) 圆柱齿轮　(B) 斜齿轮　(C) 齿轮齿条　(D)圆锥齿轮

168. 木工机床主要由切削机构、(　　)等部件组成。

(A)进给机构　(B)工件的放置装置　(C)卡紧或压紧装置　(D)机架

169. 平刨床常见的刨削缺陷有:(　　)。

(A)表面不平　(B)表面有缺口和凹陷

(C)表面起毛有沟痕　(D)表面有不同长度波浪

170. 工艺基准按其作用可分为(　　)。

(A)测量基准　(B)装配基准　(C)定位基准　(D)工序基准

171. 四面刨床主要由切削结构、进给机构、导向机构、(　　)等组成。

(A)断屑器　(B)压紧装置　(C)升降机构　(D)工作台和床身

172. 封边机按照封边面类型及走向分为(　　)。

(A)单面直线封边机　(B)双面直线封边机

(C)曲直线封边机　(D)曲面封边机

173. 按照机床的质量对木工铣床分类,主要分为:(　　)。

(A)微型铣床　(B)轻型铣床　(C)中型铣床　(D)重型铣床

174. 铣床的安全操作主要的注意事项有:(　　)。

(A)铣床保护罩距离刀轴不能小于 10 mm

(B)主轴支架固定要安全可靠,不允许突然松动

(C)铣削曲线形工件时要用样板,并将工件与之固定为一体

(D)刀轴安装固定,不能偏摆

175. 文明生产主要表现在(　　)方面。

(A)工作环境　(B)生产设备　(C)生产秩序　(D)生产习惯

176. 圆锯机的安全装置采用(　　)。

(A)安全防护罩　(B)法兰盘　(C)锯轴　(D)分料刀

177. 以下加工可用作曲线锯加工的有(　　)。

(A)开孔　(B)直线切割　(C)圆形切割　(D)弧形切割

178. 木工车床按用途的不同可分为:(　　)。

(A)中心式车床　(B)带有花盘的中心车床

(C)花盘式车床　(D)专用车床

179. 常用带锯条锯齿齿形有(　　)。

(A)直槽齿　(B)直背齿　(C)凸背齿　(D)细木工带锯齿

180. 游标卡尺使用前要先检查(　　)。

(A)刻度是否清晰可见　(B)深度尺是否笔直

(C)零刻度是否对齐　(D)挪动是否顺畅

181. 木工磨光机工艺用途主要有(　　)。

(A)抛光　(B)精砂　(C)平面度砂光　(D)定厚砂光

182. 铣刀按照铣刀的外形主要分为(　　)。

(A)圆柱铣刀　(B)圆锥铣刀　(C)圆盘铣刀　(D)柄铣刀

183. 圆锯机操作前,应检查锯片是否有(　　)现象存在。

(A)倾斜　(B)断齿　(C)松动　(D)裂口

184. 针对机床设备不同,选用润滑剂要求也不同,选用润滑剂时应考虑的因素有(　　)摩擦面精度和摩擦面位置。

(A)运动负荷　(B)运动速度　(C)工作温度　(D)工作环境

185. 常见的开榫机主要有:(　　)。

(A)框榫开榫机　(B)箱榫开榫机

(C)自动圆弧榫开榫机　(D)椭圆榫开榫机

186. 木材的工艺力学性能主要包括木材的(　　)等。

(A)抗劈强度　(B)握钉力　(C)弯曲性能　(D)扭曲性能

187. 三辊式磨光机磨削工件可分为三个阶段,即(　　)。

(A)粗磨阶段　(B)细磨阶段　(C)研磨阶段　(D)精磨阶段

188. 带锯机主要用于木材的纵向锯割,分类有(　　)。

(A)平台带锯机　(B)双轨带锯机　(C)跑车带锯机　(D)细木工带锯机

189. 刨削加工的工艺特点是(　　)。

(A)加工质量低　(B)生产效率低

(C)适应性强，通用性好　　　　　　　(D)宽刃细加工质量高

190. 铣削曲线型工件时尽管使铣刀全部暴露，但也可以通过巧妙地设计防护措施，使防护罩、工件以及(　　)组成一个封闭的整体，以保证操作者的安全。

(A)刀具　　　(B)工具　　　(C)模具　　　(D)夹具

四、判 断 题

1. 激光切割木材是木材机械加工处于试验阶段的新技术。(　　)
2. 数控木工机床将被广泛应用于生产。(　　)
3. 木材远红外线干燥与微波干燥是一项先进的干燥技术。(　　)
4. 木材的需要量不断增加，我国现有的森林资源能满足要求。(　　)
5. 木材的许多重要特征无法在横切面上反映出来，因此，它只是识别木材的一个切面之一。(　　)
6. 弦切面板和径切面板是可以相互转化的。(　　)
7. 在弦切面板上，年轮线在板面上呈现出美丽的花纹。(　　)
8. 原木在运输和存放期间应将树皮剥掉。(　　)
9. 树木向内分生能力远大于向外分生能力。(　　)
10. 树木木质部增加速度远小于树皮。(　　)
11. 树木的宏观构造又叫粗视特征。(　　)
12. 在原木的横切面上，有时可以看到年轮一侧窄一侧宽。(　　)
13. 阳光照射不同，年轮宽窄就不同。(　　)
14. 与年轮成45°角截取的方材收缩后变成长方形。(　　)
15. 木材干燥时不容易沿木射线方向发生裂纹。(　　)
16. 树脂道是指某些针叶树中的特殊孔道。(　　)
17. 树脂道又分为横生树脂道与纵生树脂道。(　　)
18. 经过水煮后的阔叶材，干燥后易开裂、变形大。(　　)
19. 髓心的位置在树干的中心，没有偏向树干某一侧的情形。(　　)
20. 通过髓心的径切板，收缩率稍大一些。(　　)
21. 通过观察木材的结构、颜色、气味、容重和硬度等特征，可以帮助我们识别木材树种。(　　)
22. 木材的结构、颜色、气味、容重和硬度等特征对合理选用木材没有用途。(　　)
23. 木材的色素不能溶于水或酒精等溶剂中。(　　)
24. 木材的材色缺陷，可以采用漂白剂或染色剂进行修正。(　　)
25. 对于没有见过或不常见，对其特征不熟悉的树种，通常可利用《木材检索表》去查对。(　　)
26.《木材检索表》有《木材粗视构造特征检索表》和《木材显微构造特征检索表》两种。(　　)
27. 使用《木材检索表》时，无需考虑树木产地的环境特点等具体情况。(　　)
28. 木材的性质不可改变。(　　)
29. 木材含水率达到纤维饱和点以下时，随着含水率的降低，木材的强度将有所增加。(　　)
30. 木材是较好的绝缘材料。(　　)

31. 木材的干缩现象一直到木材中的水分全部排出为止。（ ）

32. 木材的许用应力等于木材的极限强度除以安全系数。（ ）

33. 木材腐朽主要原因是菌虫的侵蚀和繁殖。（ ）

34. 板材产生变形，主要是由于木材径、弦向收缩不一致等而引起的。（ ）

35. 具有阴阳面的原木下料时，应尽量使同一页板材上，既有阴面，又有阳面，这样可以减少木材的翘曲变形。（ ）

36. 原木材积的计算是以原木小头直径为准，单位是以厘米进行计算的。（ ）

37. 原木堆放场地应清除杂草，如有白蚁应采取挖蚁巢、喷洒药剂等方法消灭干净。（ ）

38. 纤维板的吸水率比胶合板要小。（ ）

39. 冬季存放于露天的木材会变硬，切削困难。（ ）

40. 胶合板分阔叶材胶合板和针叶材胶合板两种。（ ）

41. 采用热压机进行胶合板附贴塑料皮的工作由于热压的温度较高，因此胶合板的含水率高一点不会影响粘贴质量。（ ）

42. 刨花板的幅面规格可根据需要自定。（ ）

43. 胶合板的单板层数都是奇数，这主要是为了防止翘曲变形，减少顺纹和横纹收缩差异。（ ）

44. 清漆木制件油漆前擦粉子的主要目的是木制件表面找平。（ ）

45. 短头小料可以用来进行木板条粘接。（ ）

46. 针叶材干燥时可选用温度较高，相对湿度较低，干燥速度较快的基准。（ ）

47. 干燥阔叶材时应选用温度较低，相对湿度较高，干燥速度较慢的基准。（ ）

48. 越薄的木材就可采用越硬的干燥基准。（ ）

49. 对于难干燥树种的特厚板，可选用半波动式干燥基准。（ ）

50. 在干燥木材生产过程中，必须按选定的干燥基准要求的温度、相对湿度进行调节和控制。（ ）

51. 装配图就是立体图。（ ）

52. 读装配图，手头还应有一整套的零件图。（ ）

53. 从装配图中，可以得知机器或部件的外形尺寸及安装尺寸。（ ）

54. 配合公差是指允许间隙或过盈变动量。（ ）

55. 过盈配合是孔的公差带在轴的公差带之上。（ ）

56. 过渡配合可能只有间隙，也可能只有过盈。（ ）

57. 未标注公差的尺寸并不是没有极限偏差。（ ）

58. 电流的方向与金属导体内的自由电子移动方向相反。（ ）

59. 电流通过导体时，为克服电阻所消耗的电能全部转变为热能。（ ）

60. 测直流电与交流电的电流，所用的电流表是不同的。（ ）

61. 同时改变直流电动机的电枢电流和磁场的方向，可以使其反转。（ ）

62. 在交流电动机主电路中装有熔断器，但不能起到过载保护的作用。（ ）

63. C630 型普通车床的电气系统中，主轴电动机没有设短路保护熔断器。（ ）

64. 台式电动砂轮机的电动机都是三相的。（ ）

65. 木材对能量吸收的能力很大，至少比钢材大 9 倍。（ ）

66. Z525 型立式钻床攻丝时,具有自动使电动机反转的装置。(　　)

67. 电器设备的带电部分应有防护罩或防护盒。(　　)

68. 将工件装在机床上正确地定位并把它夹紧的过程称安装。(　　)

69. 基准就是零件上用以确定其他点线面的位置所依据的点线面。(　　)

70. 物体保持静止或匀速运动状态的性质称为物体的惯性。(　　)

71. 工件的六个自由度都完全不重复的限制叫不完全定位。(　　)

72. 制作弯曲木零件的方法有锯割、旋制和弯曲加工三种。(　　)

73. 锉齿粗细规格是按锉刀齿的齿距大小来表示的。(　　)

74. 铲齿有径向铲齿和轴向铲齿。(　　)

75. 钻孔时为了防止热量传递,操作者可配戴手套。(　　)

76. 塑性是指金属材料在外力作用下,产生永久变形而不被破坏的最大能力。(　　)

77. 高碳钢是指含碳量大于 0.6%的碳素钢。(　　)

78. 淬火的目的是为提高钢的硬度、强度和耐磨性。(　　)

79. 回火的目的是消除淬火钢件的内应力,获得所需机械性能,使钢件组织不稳定不易变形。(　　)

80. T12A 表示含碳量为 1.2%高级优质碳素钢。(　　)

81. T235 表示碳素结构钢。(　　)

82. QT10-26 表示灰口铸铁。(　　)

83. 已知三角形屋架跨度为 9 m,其屋架高度应为 2.5 m。(　　)

84. 已知三角形屋架跨度为 12 m,其屋架起拱高度应为 60 mm。(　　)

85. 三角形木屋架采用齿联接的主要优点是传力明确,构造简单,结构外露,便于安装和检查。(　　)

86. 三角形木屋架下弦承受拉力且从下弦端节点向中央节点逐渐加大。(　　)

87. 三角形木屋架的高度一般为其跨度的 1/4～1/5。(　　)

88. 当木屋架上弦弯曲,安装时应将凸面向上。(　　)

89. 当木屋架下弦弯曲,安装时应将凸面向上。(　　)

90. 三角皮带传动与平皮带传动相比,传动平稳性好,不易振动。(　　)

91. 齿轮的模数 m 等于周节 t 比圆周率 π。(　　)

92. 平皮带传动多用于传动距离较小的场所。(　　)

93. 水平安装的链条应比垂直安装的链条下垂度小些。(　　)

94. 润滑剂使用前的状态均为液体和凝胶状。(　　)

95. 带锯机进行润滑所使用的润滑油种类只有凡士林和机油两种。(　　)

96. 锯条修磨质量好坏,直接影响制材的生产效率。(　　)

97. 锯条发生裂口现象与张紧力无关。(　　)

98. 锯条的水平度,即锯条表面的平整程度。(　　)

99. 锯路向一边歪斜主要是锯齿两侧拨料大小不等影响的。(　　)

100. 带锯条出现掉条,木料跑弯与适张度有关。(　　)

101. 锯条拨料量与被加工木材软硬程度有关。(　　)

102. 树种软,含水率高,为防止夹锯,要求锯条宽些。(　　)

103. 带锯条是挂在锯轮上通过高速运转切削木材的。( )

104. 带锯条出现小裂纹,可以不更换。( )

105. 直槽齿是带锯齿的唯一齿形。( )

106. 带锯锯齿为纵齿,锯割时起主要作用。( )

107. 做新带锯条时,开齿边一般应选择在锯条有均匀凸度的一边。( )

108. 锯条的常用厚度多半根据锯条的最大允许厚度,也就是根据锯轮直径决定的,锯轮直径越大,用的锯条越厚。( )

109. 弯势尺的厚度应等于或稍大于锯条厚度。( )

110. 锯条水平度的修整一般都在锯条适张度和锯口松紧的修整之后进行。( )

111. 应大力推广使用薄锯条。( )

112. 砂轮硬度高,刃磨刀具的质量就越好。( )

113. MR25B 自动磨刀机主要是用于刃磨各种刨刀专用的机械。( )

114. 锯割时带锯是直线运动,而圆锯是回转运动。( )

115. 跑车带锯机、台式带锯机,使用拨料齿和压料齿均可。( )

116. 原木锯割时入锯口要稳,入锯口及出锯口 300 mm 以内必须放慢进锯速度。( )

117. 平刨安全刨削木材的厚度应为在 15 mm 以上。( )

118. 平刨刀具磨修时,刀口应成一直线。( )

119. 安装刨刀时,螺栓应由两端向中间拧紧。( )

120. 在刀轴停止转动前,不允许对平刨机床进行清扫。( )

121. 同一组压刨刀片每次磨削量不同。( )

122. 硬木加工时,刀片角度前角要大一些,楔角要小一些。( )

123. 木材含水率过大,切削速度过高,会产生木纤维撕裂。( )

124. 木工铣床主要可分为卧式铣床和龙门铣床两种。( )

125. 卧式木工铣床的铣刀轴线与木制品加工平面垂直铣刀轴线与木制品加工平面平行。( )

126. 万能木工铣床的工作台可作纵向和横向移动,可作回转运动。( )

127. 万能木工铣床的床身由立柱和横臂两部分组成,横臂通过升降机构沿立柱导轨面作上下移动。( )

128. 万能木工铣床的垂直方向的进给是靠工作台升降机构来实现的。( )

129. 铣床主轴的锁紧机构的作用,是铣削时的紧急制动而设置的装置。( )

130. 铣削加工是由两种基本运动形成的,一种是铣刀的高速旋转运动,称为主运动;另一种是工件向着铣刀的进给运动,称为辅助运动。( )

131. 万能木工铣床加工工件时,其进给运动和工作台回转,只能机动,不能手动。( )

132. 木工龙门铣床的铣头装在横梁上,它可通过横梁上的横向移动机构沿横梁做横向移动。( )

133. 木工龙门铣床的主工作台可做回转运动。( )

134. 木工龙门铣床的侧铣头装在活动横梁上,随横梁一起升降。( )

135. 造成木工铣床主轴锥孔精度超差的主要原因是铣刀柄安装不牢所致。( )

136. 用游标卡尺量爪的尖端划平行线是很方便而准确的。( )

137. 千分尺的微分筒和固定套筒之间不能加普通机油。( )

138. 有的百分表的测量范围为0～20 mm。( )

139. 钻削所钻出的孔径太大,可能是两钻顶半角不相等、主轴同心度差等原因所致。( )

140. 身体接触玻璃丝材质防寒材后,不可摩擦,彻底使用水进行冲洗。( )

141. 在对电钻进行任何操作或是改变工作地点之前,要切断电钻电源。( )

142. 避免电钻的电线碰触尖锐的物体而损害绝缘皮,并应避免电钻的电线沉浸于油脂或其他化学物品之内,避免置于温度较高的物体表面上。( )

143. 木材弯曲工艺过程主要包括:配料,加工,蒸煮,弯曲,冷却定型及干燥处理。( )

144. 齿轮传动的效率可达99%。( )

145. 摩擦传动过载时,两轮接触即产生滑动,因而可防止机械损坏,起到保险作用。( )

146. 因为起锯对锯削的质量影响很大,因此起锯时,锯条与工作表面的夹角为10°左右。( )

147. 游标卡尺的精度有0.10 mm、0.05 mm两种。( )

148. 卷尺的测量允许误差为1 mm。( )

149. 一种型号的液压铆枪对应一种型号的铆枪枪头。( )

150. 木零件弯曲所采用的木材其含水率越低越好。( )

151. 千分尺在检测工件尺寸时,首先应校对自身的准确度。( )

152. 百分表一般用于检测形状和位置偏差。( )

153. 锪孔时要根据锪孔的大小和角度来选择合适锪钻头。( )

154. 在圆柱形工件上钻孔时,工件的夹持应用V形架配以螺钉、压板夹持,可使圆柱形工件在钻孔时不致转动。( )

155. 钻取不同材质不仅要选取不同材质的钻头,并且要注意控制钻孔时电钻的转速。( )

156. 锪削钢制零件时要使用切削液,导柱表面加润滑油。( )

157. 每一种液压铆枪只能拉铆一种铆钉。( )

158. 由于螺旋角的缘故,丝锥实际切削前角会随螺旋角增大而加大。( )

159. 手用丝锥的公差带代号为H4,公差值、螺距及角度误差比机用丝锥大,材质、热处理、生产工艺也不如机用丝锥。( )

160. 攻塑性材料的螺孔时,要加润滑冷却液;对于钢料,一般用机油或浓度较大的乳化液,要求较高的可用二硫化钼等。对于不锈钢,可用30号机油或硫化油。( )

161. 钻头钻削时,破碎或突然停止的现象,可能是进刀太快,磨利或钻孔时急冷急热之缘故。( )

162. 木工机械比较简单,因此机床润滑不太重要。( )

163. 当钻进深度达到直径3倍时,钻头就要退出排屑,且每钻进一定深度,钻头就要退刀排屑一次。( )

164. 可以用麻花钻改制出任意锪钻进行锪孔。( )

165. 松紧钻夹头应在停钻后进行,且要用“钥匙”来松紧而不能敲击。( )

166. 钻头刃磨要领:三点一线,锐为先,三刀七刃。( )

167. 在极限与配合图解中,由代表上偏差和下偏差或最大极限尺寸和最小极限尺寸的两

条直线所限定的一个区域称为公差。( )

168. 量规不能指示量值，只能根据与被测件的配合间隙、透光程度或者能否通过被测件等来判断被测长度是否合格。( )

169. 使用激光测距仪时，当被测物是无色液体，洁净的玻璃等表面有非常透明的特性的物体时，可能会产生错误的测量；当被测物有非常强的反光时，激光可能被反射掉，从而也会导致错误的测量；测量无反射或很暗的表面时，会增加测量的时间。( )

170. 淬火后再进行高温回火叫调质处理。( )

171. 公差包括尺寸公差、形状公差、位置公差、表面公差。( )

172. 调直弯料方法，是在弯料的四面刷水，用微火烘烤凹面。( )

173. 木材弯曲工艺过程主要包括：配料，加工，蒸煮，弯曲，冷却定型及干燥处理。( )

174. 定位基准的转换方法有一次安装、互为基准、同一基准和不同基准。( )

175. 尺寸链分为设计尺寸链、工艺尺寸链、装配尺寸链、生产尺寸链。( )

176. 胶粘接的特点是应力分布连续、重量轻、密封、工艺温度低。( )

177. 公差原则分为独立原则、相关原则、互换原则、叠加原则。( )

178. 平行度、同轴度、直线度、垂直度都属于位置公差。( )

179. 使用手动拉铆枪时，拉铆位置的开孔不能小于 30 mm，孔深大于 20 mm 时，开孔必须大于 40 mm，电动拉铆枪才能正常工作。( )

180. 激光测距仪：80 m 内精度为 2 mm。( )

181. 当工件上已有毛坯孔再扩孔时，由于加工余量不均匀，表面有硬皮，因此钻头常会歪斜，刃口也容易崩坏。( )

182. 凭经验用手摸也是鉴别木材干湿度的方法之一。( )

183. 在配合面的全长上，与实际孔内接的最大理想轴尺寸，称为孔的作用尺寸，与实际轴外接的最小理想孔的尺寸，称为轴的作用尺寸。( )

184. 铆接变形基本原理在于，铆头轴线与铆钉轴线成 5°夹角，铆头铆接时，铆头与铆钉的接触是一个点，在压力作用下接触点开始变形，然后通过铆头的摆辗运动使运动轨迹上的每一点逐点变形，从而将变形扩展到整个铆钉端面。( )

185. 铆枪作为一种铆接工具，按铆接原理分为冲压式铆枪、径向式铆枪、摆辗式及液压式铆枪。( )

186. 常用铆钉种类有半圆头、平头、沉头铆钉、抽芯铆钉、空心铆钉，这些通常是利用自身形变连接被铆接件。( )

187. 液压铆枪正常工作需要两个部分：液压铆枪；枪头组件。( )

188. 齿轮传动的传动比最准确，但制造成本相对较高。( )

189. 电动拉铆枪操作简单、铆接速度快，是简化设计工作、改进制造或维修工艺、提高生产率不可缺少的铆接工具。( )

190. 电动角磨机就是利用高速旋转的薄片砂轮以及橡胶砂轮、钢丝轮等对金属构件进行磨削、切削、除锈、磨光加工的工具。( )

五、简 答 题

1. 简述木材的含水率。

2. 简述什么是木材的宏观构造。
3. 简述质量检验的步骤。
4. 简述木材含水率对切削加工有什么影响。
5. 简述铁路车辆常用木材。
6. 简述什么是全剖视图。
7. 简述什么是半剖视图。
8. 简述选择主视图时,通常应考虑哪三个原则。
9. 简述什么是基孔制与基轴制。
10. 简述胶合板的常用树种。
11. 简述低温回火的目的及用途。
12. 简述机床液压系统一般由哪五个部分组成。
13. 简述两齿轮啮合的必要条件。
14. 简述齿轮的模数、周节与圆周率的关系式是什么。
15. 简述齿轮直径与齿数模数的关系式是什么。
16. 简述木工手工用量尺包括哪几种。
17. 简述在什么传动情况下,采取加装张紧轮装置。
18. 简述三角皮带传动中包角最小可减少到多少度。
19. 简述回火的种类有哪些。
20. 简述电动机的结构形式有哪些。
21. 简述电机型号 Y100L1—4 各编号的含义什么。
22. 简述三相异步电动机常用起动方法有哪几种。
23. 简述什么是保护接地。
24. 简述木制品产品质量检验内容。
25. 简述木制品质量检验的方法。
26. 简述常用带锯条锯齿齿形有哪几种。
27. 简述常用平刨刀分哪两种类型。
28. 简述安装圆锯片时应注意的事项。
29. 简述木制品外观质量检验内容。
30. 简述什么是磨光机。
31. 简述磨光机的种类。
32. 简述什么是细木工板。
33. 简述圆锯片的结构特点是什么。
34. 简述选用润滑剂时应考虑哪些因素。
35. 简述采用带锯机制材的优点有哪些。
36. 简述跑车带锯机车摆的作用。
37. 简述原木车辆材锯材率和综合锯材率如何计算。
38. 简述什么叫合理下锯。
39. 简述跑车带锯机遇到特殊情况需要退车时,应采取什么措施。
40. 简述木工常用的连接方法有哪些。

41. 简述平刨床的加工特点。
42. 简述胶接合的优点。
43. 简述压刨机的作用及简要说明其主要构造。
44. 简述四面刨主要构造及其作用。
45. 简述圆锯机所用圆锯片的种类。
46. 简述镂铣机的型号和机床技术规格。
47. 简述 MJ5015 链截锯机床技术规格。
48. 简述 MR1512 自动磨刀机的用途。
49. 简述 MR113 自动磨刀机的用途。
50. 简述 MR2513 自动磨刀机的用途。
51. 简述划线基准的定义。
52. 简述什么是切削速度。
53. 简述什么是进给速度。
54. 简述什么是顺纹切削。
55. 简述什么是顺逆切削。
56. 简述木材切削过程是由哪几个方面的因素组成的。
57. 简述木材机械加工中,切削的基本方式有哪几种。
58. 简述影响切削加工质量的主要因素有哪些。
59. 简述专用夹具的作用。
60. 简述我国目前木材综合利用的主要途径是什么。
61. 简述平刨的作用及构造。
62. 简述装刨刀拧紧螺栓,为什么不要两端向中间拧紧。
63. 简述锯条锯片的结构。
64. 简述木制品产品质量检验形式及其定义。
65. 简述切削速度与进给速度对切削加工质量有哪些影响。
66. 简述顺纹切削和逆纹切削对切削加工质量有什么影响。
67. 简述木材人工干燥方法种类。
68. 简述木工机械传动的基本形式有哪些。
69. 简述木材含水率过高对产品质量有什么影响。
70. 简述木材力学的性能及掌握木材力学性能的意义是什么。

六、综 合 题

1. 试述弯曲原木怎样合理下锯。
2. 试述影响原木锯材率的主要因素有哪些。
3. 试述识读零件图的一般方法与步骤有哪些。
4. 试述木制品榫接合公差与配合的一般经验有哪些。
5. 试述木制品榫卯接合的含义。
6. 试述安全用电必须注意哪些事项。
7. 试述木制品油漆之前,应达到的技术条件是什么。

8. 试述锯条修磨应达到哪些要求。
9. 试述锯条的滚压与口松口紧有何关系。
10. 试述平面刨刀修磨应达到哪些要求。
11. 试述带锯机应该注意哪些维护保养事项。
12. 试述平刨安全技术操作应注意哪些事项。
13. 试述车辆上的木骨架有何技术要求。
14. 试述木工机床刀具的种类及其用途。
15. 试述划线基准的选择原则。
16. 树木最主要的部分是什么,其粗视特征如何。
17. 试述木材中的水分有哪两种形式,各有什么不同。
18. 试述什么是齿形胶接,齿形胶接的主要工艺过程。
19. 试述工件进行平刨床加工时,刨削量是怎样进行控制的。
20. 试述带锯条产生裂纹的主要因素及消除方法。
21. 试述锯条锯割时锯齿发钝的原因及消除方法。
22. 试述锯制过程中,窜条产生的原因是什么。
23. 试述锯条在运转或锯割时,齿缘部位的摆动产生的原因是什么。
24. 试述带锯条产生变形的原因。
25. 试述锯料的三种功能是什么。
26. 试述齿距的大小与锯齿有什么关系。
27. 试述编制工艺规程时应注意哪些问题。
28. 试述今后一段时间里,铁路企业制材生产方面技术改进应注意哪些方面。
29. 试述今后一段时间里,铁路企业木制品机械加工技术改进应注意哪些方面。
30. 试述机械木工防火安全知识。
31. 试述什么是安全规程。它主要包括哪些具体规程。
32. 试述机床安全检查的内容有哪些。
33. 试述什么是生产过程。
34. 试述企业生产计划编制步骤及生产计划编制内容。
35. 根据立体图图 1 画三视图。

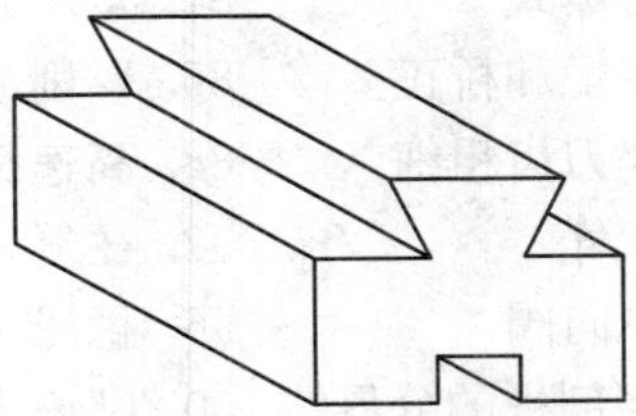

图 1

机械木工(高级工)答案

一、填 空 题

1. 生长环境	2. 弓形翘曲	3. 木本植物	4. 横切面
5. 径切面板	6. 树皮	7. 生长轮	8. 同一板块
9. 变化缓急	10. 缓和	11. 急	12. 宽窄
13. 宽且很明显	14. 不易看见	15. 松脂	
16. 半散孔材(或叫半环孔材)		17. 髓心	18. 不同
19. 圆形	20. 椭圆形	21. 五角形	22. 抗劈强度
23. 15%	24. 客观构造	25. 伤疤	26. 凹兜
27. 偏宽年轮	28. 树瘤	29. 腐朽	30. 外表变色
31. 板面起毛	32. 外观质量	33. 因材施用	34. 纵向压力
35. 坑木立柱	36. 截短	37. 弯曲零件	38. 碎木块
39. 纤维板	40. 允许修补	41. 被补材	42. 含水率
43. 纤维方向	44. 凹凸不平	45. 2	46. ⟠
47. 原木	48. 锯材	49. 卡垛	50. m^3
51. m	52. 刨切面胶合板	53. 木材含水率	54. 18%
55. 天然	56. 干	57. 湿	58. 干燥不均匀
59. 端裂	60. 正等测	61. 正二测	62. 斜二测
63. 振动	64. 形状特征原则	65. 设计基准	66. 工艺基准
67. 尺寸基准	68. 基准制	69. 基孔制	70. 基轴制
71. 无基准件配合	72. 12	73. 8	74. 10^3
75. 熔断器	76. 热继电器	77. 控制和保护功能	78. 机械能
79. 化学能	80. 防爆式	81. 全压起动	82. 冒烟和烧毁
83. 软头手锤	84. 装配和桥正	85. 錾削或其他需敲击	
86. 整形锉	87. 锉刀齿粗细	88. 高速钢	89. 钻孔或扩孔
90. 单位时间变化次数	91. 大气	92. 往复	93. 密封容积
94. 输油量	95. 单向阀	96. 稳压	97. 三通阀
98. 运动速度	99. 半剖视的分界线	100. 摩擦力	101. 两轴相交
102. 小于	103. 重合	104. 磨损	105. 脱链
106. 垂直	107. 对称中心平面	108. 模数	109. $d=mz$
110. 氯丁胶	111. 干燥定型	112. T	113. 硬铝合金
114. 合金工具	115. 1.05	116. 锯轮直径	117. 最大锯片直径
118. 狼牙齿	119. 正三角齿	120. 韧性	121. 高速

122. 冷却作用好　123. 润滑脂　124. 尺寸及其形状
125. 配件毛料或半成品　126. 拉紧装置　127. 跑锯
128. 工作行程　129. 制动装置　130. 锯割缺陷　131. 瓦棱状
132. 波状纹　133. 鲶鱼头或蛇形　134. 毛刺粗面　135. 材面凸肚
136. 左右摆动　137. 一相定子绕组断开　138. 刨刀不锋利
139. 刨刀有缺口　140. 厚度不一致　141. 旋转速度　142. 高
143. 直线运动　144. 夹持能力　145. 旋转刀痕　146. 榫头、榫眼
147. 投料加工制造　148. 生产服务过程　149. 节奏性　150. 整体观念
151. 计划、执行、检查、处理　152. 安全生产方针　153. 加压
154. 安全防护装置　155. 多工位组合机床　156. 0.02 mm　157. 米制螺纹
158. 90°　159. 钻孔　160. 防松　161. 118°
162. 生产类型　163. H4　164. 研磨　165. 混合铆
166. 夹持方法　167. 水平仪　168. 2　169. 清洁
170. 铰杠　171. 技术要求　172. 划线　173. 进给量
174. 随机　175. 5 mm　176. ⊥　177. 大径
178. 铰孔　179. 三　180. 2.7　181. 基本偏差
182. 成本　183. 退火　184. 弹性滑动　185. 球体半径

二、单项选择题

1. A	2. C	3. D	4. D	5. A	6. B	7. D	8. A	9. B
10. A	11. A	12. C	13. B	14. B	15. A	16. B	17. A	18. A
19. C	20. C	21. A	22. D	23. A	24. A	25. A	26. A	27. A
28. C	29. D	30. A	31. B	32. B	33. B	34. A	35. C	36. B
37. B	38. A	39. B	40. C	41. C	42. B	43. C	44. B	45. D
46. A	47. B	48. C	49. A	50. D	51. B	52. D	53. A	54. B
55. B	56. C	57. C	58. C	59. C	60. C	61. C	62. D	63. A
64. C	65. C	66. C	67. B	68. C	69. C	70. B	71. A	72. D
73. D	74. D	75. D	76. B	77. B	78. B	79. B	80. B	81. C
82. A	83. A	84. B	85. B	86. B	87. C	88. A	89. C	90. B
91. C	92. B	93. B	94. B	95. B	96. A	97. B	98. C	99. A
100. B	101. A	102. A	103. B	104. B	105. B	106. B	107. B	108. A
109. A	110. B	111. A	112. C	113. D	114. B	115. C	116. B	117. A
118. C	119. A	120. C	121. C	122. A	123. D	124. B	125. D	126. A
127. B	128. A	129. C	130. A	131. A	132. C	133. C	134. D	135. A
136. B	137. B	138. A	139. B	140. A	141. D	142. D	143. A	144. A
145. B	146. A	147. B	148. D	149. B	150. A	151. C	152. D	153. D
154. A	155. C	156. A	157. B	158. C	159. A	160. B	161. C	162. B
163. C	164. D	165. D	166. A	167. C	168. B	169. A	170. B	171. A
172. C	173. C	174. C	175. A	176. A	177. C	178. B	179. B	180. C

181. D 182. A 183. B 184. B 185. C 186. D 187. C

三、多项选择题

1. BCD 2. ABCD 3. ABD 4. ABC 5. BCD 6. ABD
7. ABCD 8. ACD 9. ABD 10. ABCD 11. AD 12. BC
13. ABD 14. ABCD 15. AB 16. ABCD 17. BCD 18. BCD
19. BD 20. ABCD 21. AD 22. ABD 23. BCD 24. ABD
25. ACD 26. CD 27. AC 28. ABCD 29. ABCD 30. BD
31. ABCD 32. AB 33. ABD 34. BCD 35. AC 36. ABC
37. ABCD 38. ABCD 39. ACD 40. ABD 41. AD 42. ABD
43. BCD 44. ABCD 45. AD 46. ABCD 47. ABD 48. ABCD
49. ABC 50. BC 51. BCD 52. ABCD 53. BC 54. ABCD
55. ABD 56. AD 57. ABC 58. ABCD 59. BCD 60. BC
61. ACD 62. BC 63. ABCD 64. ABCD 65. ABCD 66. ABCD
67. ABD 68. ABC 69. ABCD 70. BD 71. ABCD 72. AB
73. ABCD 74. ACD 75. ABC 76. ABCD 77. ABCD 78. ACD
79. ABD 80. ABC 81. ABCD 82. ABCD 83. ABCD 84. ABCD
85. ABC 86. AB 87. AB 88. ABCD 89. ABCD 90. AB
91. ABCD 92. ABC 93. AC 94. ABCD 95. BCD 96. BC
97. ABD 98. BCD 99. ACD 100. ABCD 101. ABCD 102. ABCD
103. ABCD 104. ABCD 105. ABCD 106. ABD 107. ABCD 108. ABCD
109. ABCD 110. ABCD 111. ABCD 112. ABC 113. ABCD 114. ABC
115. ABC 116. ABC 117. ACD 118. ACD 119. ABD 120. AC
121. ABC 122. AB 123. ABD 124. ABC 125. AC 126. AD
127. ABC 128. BD 129. ABCD 130. ABCD 131. ABD 132. ABC
133. AD 134. ABC 135. ABC 136. AC 137. AB 138. ABC
139. ABCD 140. ABC 141. ABC 142. ABD 143. ABD 144. BCD
145. ABCD 146. ABCD 147. ABCD 148. ABCD 149. BC 150. ABCD
151. ABCD 152. ABCD 153. ABCD 154. ABCD 155. ABCD 156. ACD
157. CD 158. ABD 159. BCD 160. ABCD 161. AD 162. ABCD
163. ABCD 164. ABCD 165. ACD 166. AC 167. AD 168. ABCD
169. ABCD 170. ABCD 171. ABCD 172. ABCD 173. BCD 174. ABCD
175. ABCD 176. AD 177. ABCD 178. ABCD 179. ABCD 180. ACD
181. ABCD 182. ABCD 183. BD 184. ABCD 185. ABCD 186. ABC
187. ABD 188. ACD 189. ABCD 190. CD

四、判 断 题

1. √ 2. √ 3. √ 4. × 5. × 6. √ 7. √ 8. × 9. √
10. × 11. √ 12. √ 13. √ 14. × 15. √ 16. √ 17. √ 18. ×

19.×	20.√	21.√	22.×	23.×	24.√	25.√	26.√	27.×
28.×	29.√	30.×	31.√	32.√	33.√	34.√	35.×	36.√
37.√	38.×	39.√	40.√	41.×	42.×	43.√	44.×	45.√
46.√	47.√	48.×	49.√	50.√	51.×	52.√	53.√	54.√
55.×	56.√	57.√	58.√	59.√	60.√	61.×	62.√	63.√
64.×	65.√	66.√	67.√	68.√	69.√	70.√	71.×	72.√
73.√	74.√	75.×	76.√	77.√	78.√	79.×	80.√	81.×
82.×	83.×	84.√	85.√	86.×	87.√	88.×	89.√	90.√
91.√	92.×	93.×	94.×	95.√	96.√	97.×	98.√	99.√
100.√	101.√	102.√	103.√	104.×	105.×	106.√	107.×	108.√
109.√	110.√	111.×	112.×	113.√	114.√	115.×	116.√	117.√
118.√	119.×	120.√	121.×	122.×	123.×	124.×	125.×	126.√
127.√	128.×	129.×	130.√	131.×	132.√	133.×	134.×	135.×
136.×	137.√	138.√	139.√	140.√	141.√	142.√	143.√	144.√
145.√	146.×	147.×	148.√	149.√	150.×	151.√	152.√	153.√
154.√	155.√	156.√	157.√	158.√	159.√	160.√	161.√	162.×
163.×	164.√	165.√	166.×	167.√	168.√	169.√	170.√	171.√
172.×	173.√	174.×	175.√	176.√	177.×	178.×	179.√	180.√
181.√	182.√	183.×	184.√	185.√	186.√	187.√	188.√	189.√
190.√								

五、简 答 题

1. 答:木材的含水率是指木材单位体积内所含水分的多少(3 分),有绝对含水率和相对含水率之分(2 分)。

2. 答:肉眼或放大镜下所能见到木材构造的特征,称为宏观构造或粗视构造。(5 分)

3. 答:(1)检验的准备。(1 分)

(2)测量或试验。(1 分)

(3)记录。(1 分)

(4)比较和判定。(1 分)

(5)确认和处置。(1 分)

4. 答:含水率大的木材不易于切削加工,同时直接影响木制件的质量(3 分)。如加工成品后,会由于木材收缩不均匀使木材产生变形、裂纹,甚至造成严重缺陷,影响木制品的受力性能和使用寿命(2 分)。

5. 答:铁路车辆常用木材包括红松、落叶松、水曲柳。(总分 5 分,少答一项扣 1.5 分)

6. 答:全剖视图是指用剖切平面完全地剖开物体所得的剖视图。(5 分)

7. 答:半剖视图是指当物体具有对称平面时(1 分),在垂直于对称平面的投影面上投影所得的图形(2 分),可以以对称中心线为界,一半画成剖视,另一半画成视图(2 分)。

8. 答:(1)确定主视图的投影方向,通常应考虑形状特征原则。(2 分)

(2)确定零件在投影系中的安装位置,通常应考虑符合加工位置的原则和符合工作位置的

原则。(3 分)

9. 答:基孔制是基本偏差为一定的孔的公差带,与不同基本偏差的轴的公差带形成各种配合的一种制度(2.5 分)。基轴制是基本偏差为一定的轴的公差带,与不同基本偏差的孔的公差带形成各种配合的一种制度。(2.5 分)

10. 答:胶合板常用树种有:椴木、桦木、水曲柳、杨木、榆木、荷木、泡桐、落叶松、云杉、马尾松、核桃楸、枫香等。(总分 5 分,答对 5 项即得满分)

11. 答:低温回火目的是降低脆性和内应力的同时,保持钢在淬火后的高硬度和耐磨性(3 分)。主要用于各种工具、模具、滚动轴承以及渗碳或表面淬火的零件(2 分)。

12. 答:(1)原动力机构——油泵。

(2)执行机构——油缸或油动机(油马达)。

(3)控制机构——压力阀(溢流阀)、流量阀、方向阀等。

(4)辅助机构——油管、压力表、油箱、滤油器等。

(5)工作介质——液压油。

(总分 5 分,每项 1 分)

13. 答:两个齿轮啮合的必要条件为两个齿轮的模数相等、压力角相等。(5 分)

14. 答:$m=\frac{t}{\pi}$。(5 分)

15. 答:$d=mz$。(5 分)

16. 答:木工手工用量尺包括直尺、折尺、钢卷尺、比例尺、圆规、分规等几种。(总分 5 分,答对 5 项即得满分)

17. 答:在平皮带传动的极端情况下(1 分),不能保证小带轮皮带包角大于等于 120°时(1 分),采取加装张紧轮的装置(1 分),目的是增大包角(1 分),提高传动能力(1 分)。

18. 答:一般包角大于等于 120°(3 分),在要求特别紧凑的传动中可减少到 90°(2 分)。

19. 答:回火包括低温回火、中温回火、高温回火。(总分 5 分,少答 1 项扣 1.5 分)

20. 答:Y 系列三相异步电动机,G 系列微型单相交流串激电动机,Z 系列小型直流电动机。(总分 5 分,少答 1 项扣 1.5 分)

21. 答:Y——异步电动机系列代号;100——中心高 H,单位 mm;L——机座长度代号,S(短),M(中等级制);1—4 表示同一机座和转速下的不同功率。

(总分 5 分,每项 1 分)

22. 答:三相异步电动机常用起动方法有两种:一种是全压起动方式(2.5 分),另一种是降压起动方式(2.5 分)。

23. 答:保护接地是把电动机、变压器、铁壳开关等电气设备的金属外壳,用导线与接地极可靠地连接起来,这种接地方式称为保护接地(3 分)。通常用埋入地下的钢管、钢条或利用埋在地下的自来水管及机床、马达的地脚螺栓作为接地极(2 分)。

24. 答:木制品产品质量检验内容主要包括外观质量检验、理化性能检验、力学性能检验和环保性能检验四大类项目。(总分 5 分,少答 1 项扣 1 分)

25. 答:木制品质量检验的方法可概括分为眼看手摸法(2.5 分)和技术测试法(2.5 分)。

26. 答:有四种:直槽齿、直背齿、凸背齿、细木工带锯齿。(总分 5 分,少答 1 项扣 1 分)

27. 答:一种是有孔槽的厚刨刀(2.5 分),一种是没有孔槽的薄刨刀(2.5 分)。

28. 答:(1)卡盘的夹紧平面应垂直于主轴的旋转轴线。(1分)

(2)锯片应与主轴同心,孔-轴配合适当,否则会产生离心贯性力,使锯片摆动。(2分)

(3)卡盘对锯片的夹紧要牢固,不能有相对滑动。(2分)

29. 答:外观质量检验包括外形尺寸检验、各类产品主要尺寸检验、木工加工质量和加工精度的检验、用料质量及其配件质量的检验、涂饰质量外观检验以及产品标识的检查。(总分5分,答对5项即得满分)

30. 答:磨光机又称砂光机(1分),是用磨具(通常用砂布或砂纸)对各种人造板、木制品构件和木制零件的已加工表面进行精加工(磨光或抛光)的一类机床(3分),是木制品零件或组件的最后一道切削加工工序(1分)。

31. 答:磨光机可分为盘式磨光机、带式磨光机、辊式磨光机、刷式磨光机和轮式磨光机等类型。(5分)

32. 答:细木工板是用许多木条按一定方向排列拼合成芯层、与上下两面的双单板层胶合而成的夹心板。(5分)

33. 答:圆锯片是周边开有锯齿的圆盘式木材锯割刀具,它套夹在锯机的主轴上,高速旋转而锯割木材(3分);圆锯片可用来对木材进行纵向锯割(纵割)、横向锯割(横割)和起槽等(2分)。

34. 答:针对机床设备不同,选用润滑剂要求也不同(1分)。一般选用时,应考虑如下因素:①运动负荷;②运动速度;③工作温度;④工作环境;⑤摩擦面精度;⑥摩擦面位置。(答对其中四种因素即得4分)

35. 答:采用带锯机能锯割尺寸较大木料,而且带锯条比圆锯片薄,锯路窄损耗较小,出材率高,质量好,机械化程度高,操作比较方便和安全。因此在制材生产中带锯机被广泛采用(3分)。为节约木材,提高锯材率还要推广使用薄锯条,提高加工精度,逐步取消用圆锯机制材,一律采用带锯机制材(2分)。

36. 答:车摆是跑车在倒车时,自动将车架向外侧(横向)移动一定距离,避免木材与带锯条接触而碰掉锯条发生危险(3分),当转入工作行程时又使车架回到原来位置的装置(2分)。

37. 答:原木车辆材锯材率=车辆材材积/原木材积×100%(2.5分)

原木综合锯材率=(车辆材材积+一般材材积)/原木材积×100%(2.5分)

38. 答:针对原木的不同形状、材质、径级和不同纹理结构(1分),结合不同用途产品的不同质量要求(1分),合理确定锯口位置和锯割程序(2分),使锯材质量好、原木出材率高的锯割方法称为合理下锯(1分)。

39. 答:由于跑车上的车摆装置在倒车时就发生动作(1分),因此在一般情况下,均不得锯割中途倒车(1分),如遇特殊情况必须倒车时,首先要采取停止锯机转动使锯条平稳不动,然后再使车摆装置停止工作;最后小心慢速倒车。否则容易发生掉条伤人的危险(3分)。

40. 答:有榫接合、胶接合、钉接合、螺钉接合及其他金属连接件接合等。(总分5分,少答1项扣1分)

41. 答:平刨床的加工特点是被加工平面与加工基准面重合。(5分)

42. 答:胶接合的优点是可以小材大用、劣材优用、节约木材,还可以提高木制品的质量。(5分)

43. 答:压刨机主要用来刨削工件使其达到一定厚度和宽度,利用模板可加工斜面(3分)。

其主要构造有机座、进料滚筒、工作台、吊爪、断削器、刀轴、压铁、变速机构、防护罩和电动机(2分)。

44. 答:四面刨是利用上下水平刀头和左右立刀头,同时对工件进行四面加工一次成型的高效率机床(3分)。主要构造有前后机座,前、中、后工作台,上下水平刀轴,左右立刀轴,上下进料机构和前、中、后靠板(2分)。

45. 答:圆锯机所用圆锯片有普通平面圆锯片和刨锯片两种。(5分)

46. 答:镂铣机的型号是:BQB5114。技术规格:最大加工厚度:140 mm;工作台可调高度:90 mm;工作台尺寸:810 mm×505 mm;工作台进给高度:110 mm;刀辊直径:120 mm;刀具到工作台面距离:190 mm;主轴转速:16 800 r/min;电动机功率:2.2 kW。(5分)

47. 答:导板有效长度:1 500 mm;锯切圆木直径:1 300 mm;链齿节距:10 mm;锯切速度:8 m/s;电动机总功率:13.2 kW。(总分5分,每项1分)

48. 答:本机能自动刃磨圆锯、带锯的各种不同形状的锯齿(2分),例如直背齿、圆弧齿、折背齿等齿形,并能磨出间隔相反方向具有斜侧刃面的锯齿(2分),是木材加工锯片刃磨的主要机械(1分)。

49. 答:本机主要用于带锯锯条齿型的齿喉、齿腹和齿背的磨锐工作(3分)。根据齿形的要求进行调整可自动磨出所需齿形(2分)。

50. 答:本机主要用于刃磨各种刨刀专用机械,如平刨刀或压刨刀等。(5分)

51. 答:划线时用来确定零件上其他点、线、面位置的依据称为划线基准。(5分)

52. 答:切削速度是指刀具的直线运动速度或旋转速度(2分),它是将切屑切下来时所需要的基本速度,也是机械动力的主要消耗者(2分),这种速度叫切削速度,以$V_{切}$(m/s)表示(1分)。

53. 答:进给速度是指加工工件(木材)作直线运动的速度(2分),它使木材不断地推向新的切削,以保持刀具在木材上连续切下切屑(2分),这种运动速度叫进给速度,以$V_{进}$(m/min)表示(1分)。

54. 答:顺纹切削是指切削刀具顺着木材纹理方向进行切削的加工。(5分)

55. 答:逆纹切削是指切削刀具与木材纹理方向相反的方向进行切削的加工。(5分)

56. 答:基本上有三个方面的因素组成:

(1)被切削的各种木材;

(2)切削所用的工具;

(3)切削的工作运动。

(总分5分,少答1项扣1.5分)

57. 答:木材切削基本采用两种方式:一是将被加工的材料移向切削刀具(2分);二是切削刀具移向被加工的材料。多数是使切削刀具作回转运动,工件移向刀具来完成的(3分)。

58. 答:(1)切削速度与进给速度;

(2)木材的性质(软、硬);

(3)顺纹切削与逆纹切削;

(4)木材含水率与季节;

(5)刀具与刀具的材质。

(总分5分,每项1分)

59. 答:专用夹具是为零件的某一道工序加工而设计制造的,在产品相对稳定、批量较大

的生产中使用;在生产过程中它能有效地降低工作时的劳动强度、提高劳动生产率,并获得较高的加工精度。(5分)

60. 答:我国当前木材综合利用的主要途径应从两方面入手:一是大力发展人造板工业,如胶合板、刨花板、细木工板和纤维板等(2.5分)。二是将小料、胶合板下脚料加工成所需要规格的木材,如短料经齿形胶接成长规格料;又如车辆厂将胶合板下脚料粘压成厚板,然后加工成车辆用垫木等(2.5分)。

61. 答:用来刨削工件的一个基准面或两个相邻的平面成直角,也可利用调整导板和加设模具刨削斜面或曲面(3分)。其主要构造由机座、前后工作台、刀轴、靠板、工作台升降机构、防护罩和电动机等部分组成(2分)。

62. 答:装刨刀应由一端逐个向另一端拧紧,也可由中间向两端拧紧,而不要由两端向中间拧紧,因为这样可能使刀片在中部凸起。(5分)

63. 答:由锯齿和锯身两个基本部分所组成,它是有一定的厚度和一定几何形状的锯齿,其特征是呈带状或圆形等多个切削刀刃,切削齿在外缘。(5分)

64. 答:(1)型式检验:是指对产品质量进行全面考核,即按标准中规定的技术要求对木制品进行全面指标检验。(2.5分)

(2)出厂检验:是指在产品型式检验合格的有效期内,由企业质量检验部门进行检验。(2.5分)

65. 答:在木材切削加工中,切削速度、进给速度是影响木材加工质量(表面粗糙度)的最大因素(2分)。当进给速度、吃刀深度一定时,切削速度越高,加工表面越光滑;在切削速度一定时,进给速度越低,吃刀深度越小,加工表面粗糙度越低,但进给速度直接影响生产效率,故通常用提高切削速度的方法来提高加工质量(3分)。

66. 答:顺纹切削因其切削阻力小,可达到较低的表面粗糙度和平直度(1.5分),逆纹切削因其切削阻力大,表面粗糙度高(1.5分),并由于纹理不顺而造成表面凹陷及劈裂现象,逆纹切削应以较快切削速度(即刀头转速增加)才能获得较高的切削质量(2分)。

67. 答:人工干燥方法有蒸汽干燥法、烟熏干燥法、热风干燥法、烟道加热干燥法、瓦斯干燥法、红外线干燥法、水煮干燥法、过热蒸汽干燥法、石蜡油干燥法、高频电流干燥法、真空干燥法、微波干燥法等。(总分5分,答对5项即得满分)

68. 答:主要有挠性传动(如皮带传动)、摩擦传动、齿轮传动、气动和液压传动等形式。(总分5分,每项1分)

69. 答:含水率过高,木材在使用过程中就要蒸发水分,木材就要干缩而产生裂缝,同时湿胀影响油漆质量和降低强度(3分),不易加工,加工不光滑(2分)。

70. 答:木材的力学性能是表示木材抵抗外力作用的能力(2分)。大多数的木制件,总要承受着各种外力的作用,正确掌握木材受力的性能对合理使用木材和选择加工方法有着重要的意义(3分)。

六、综合题

1. 答:弯曲原木通常采用先截断后锯割的方法(2.5分),因为若按弯曲原木原来长度锯制,则出材率低,越弯曲出材率越低,同时成材会出斜纹(2.5分)。但如何确定截断部位,则要根据原木弯曲具体形状,结合成材尺寸和质量要求慎重选择(2.5分),一般较缓弯曲原木,从中部截断，急弯原木截断多从急弯处截断(2.5分)。

2. 答：主要有：

(1)操作人员技术熟练程度及锯口位置和锯割程序的选择是否合理。

(2)原木的径级、等级、形状、缺陷的情况。

(3)成材的规格。

(4)锯机的规格、性能、状态良好的程度。

(5)锯条的材质、厚度及磨修的质量。

(总分10分，每项2分)

3. 答：(1)看标题栏，从标题栏及各项内容掌握零件名称、材料、比例等，同时可略知零件类型和大体用途。

(2)弄清视图关系，明确各视图的投影关系。

(3)进行形体分析，想象零件形状。

(4)分析尺寸和技术要求。

(5)根据图纸标注符号和内容，明确加工要求。

(总分10分，每项2分)

4. 答：(1)实行基孔制。即孔(榫眼、槽等)的尺寸为主要尺寸，轴(榫头)的尺寸是辅助尺寸。

(2)榫头厚度要小于榫眼宽度0.2 mm。

(3)榫头宽度要大于榫眼长度1～2 mm。

(4)内榫肩的角度一般在88°～90°为宜。

(总分10分，每项2.5分)

5. 答：榫卯接合是木制品较为广泛应用的一种主要的接合方式，也就是榫头、榫眼的接合(2分)。这种接合，实践证明，如果榫头厚度比榫眼宽度小0.1～0.2 mm则抗拉力强度最大(2分)；如果榫头厚度大于榫眼宽度，强度反而下降(2分)。因为，榫头与榫眼接合时在涂胶后，榫头厚度大时胶料被挤出，接合处不能形成胶层，将使接合强度下降(2分)，并且在组成插装时易使榫眼劈裂，破坏了榫结合(2分)。

6. 答：(1)在任何情况下，均不得用手去鉴别接线端或裸导线是否带电，应使用验电设备。

(2)在检查设备装置或更换熔断丝时，必须先切断电源。

(3)不得将36 V以上的照明灯作为机床照明或其他照明使用。

(4)数人进行工作时，在接通电源前须先告知众人。

(5)遇到有人触电时应立即切断电源，离开关远时应用干燥的木棒或绝缘材料打断导线，亦可将触电者拨开，然后耐心进行人工呼吸抢救，切勿打强心针。

(总分10分，每项2分)

7. 答：木制品油漆之前，应达到的技术条件是：

(1)木制件的含水率应符合要求，一般外露木制件的含水率为12%±4%。

(2)外露木制件应进行精刨或砂光，木制件表面处理的越好，油漆质量越高，一般清漆色的光泽度应高于色漆件。

(3)对于清漆件，根据车辆等级，有的需造花配色材质应一致。

(总分10分，少答1项扣3分)

8. 答:(1)每次磨修后,应保证锯条齿形(角度、齿距)正确,保持不变。

(2)将锯齿锉磨锋利,齿顶正;每次磨削量不能太大,齿尖不能有发蓝现象。

(3)锉磨后各齿齿尖应在同一直线上。

(4)根据锯条规格、木材软硬、锯机性能等情况,滚压好适张度,避免口松口紧现象。

(5)压料量要合适,并使各锯齿的压料量一致。

(6)接头牢固、平整,接头处厚度应与锯条厚度一致。

(总分 10 分,答对 5 项即得满分)

9. 答:口松口紧是锯条弛张度(适张度)修整的程度,它是用辊压机从锯条宽度中央向两侧平面进行滚压,使中央部分伸长,而齿缘和缘背部分则因中央的伸长而产生张紧力,但齿缘部分张紧力应比背缘大(3 分),滚压弛张度是为了使锯条稳定地挂在锯轮上,在锯割过程中不发生跑锯、窜条等毛病(1 分),因锯齿与木材摩擦生热,使齿缘部分伸长,如果锯条不经滚压或滚压过小,没有张紧力或张紧力过小,就会产生松弛——口松,就要发生跑锯、窜条(2 分),若中央部分滚压过度,齿缘部分所受的张紧力太大口紧,在锯割时齿根部都容易产生龟裂裂口(2 分),弛张度大小是根据锯条材质软硬及进锯速度决定的,锯条宽度大,厚度大,木材硬的弛张度要大一些,反之则要小一些(2 分)。

10. 答:(1)根据刀片的楔角 β 来确定刀片的位置,对刨削硬木较薄的刀片,刀片楔角应大些(45°~50°),对加工软木或厚刀片,其楔角可以小些(30°~40°)。

(2)每次磨削量不能太大,从开始到结束的全部刃磨过程,都应开放冷却液,以免刀口退火或变软卷口。

(3)同一组刀片每次磨削量相同,以保证运行平稳。

(4)刨刀刃口应成一直线,保证刃口锋利,应用油石精磨。

(5)调整砂轮轴与刀片的相互位置,可磨出刃口斜面为平面形和弧面形。

(总分 10 分,少答 1 项扣 2 分)

11. 答:(1)操作人员必须熟悉自己使用设备的结构,并遵守操作规程。

(2)经常保持设备的清洁和润滑。

(3)对设备要经常进行检查,看运转是否正常,发现问题及时停机检查,不准带病运转。

(4)每台设备由专人负责维护保养,定人定机。

(总分 10 分,每项 2.5 分)

12. 答:(1)安装刀片应检查刀口是否平直、锋利、有无裂纹,同一组刀片尺寸应一致,刀刃伸出刀轴量一致。否则高速运转时由于偏重产生振动,螺栓要拧紧,丝扣损坏的严禁使用。

(2)检查安全防护装置是否灵活。

(3)短、薄工件应用推板,长度小于 250 mm 的工件不许在平刨上加工。

(4)严禁在刀轴停止运转前进行机床清扫、更换皮带、拆卸刀具或注油。不许戴手套操作,工作服应扣好,袖口要扎紧,女工应戴工作帽。

(5)操作者活动范围内不许有任何障碍物,工件码放整齐。

(总分 10 分,每项 2 分)

13. 答:车辆木骨架的技术要求有:

(1)全车木骨架的含水率应达到 16%±4%。

(2)木料的材质和等级标准应符合设计要求。

(3)木骨架完工后，其规格尺寸、形状（包括弯梁弧度、裁口、卯榫、眼孔）等必须符合设计要求和工艺要求。

(4)木骨架交出前应进行防腐处理及阻燃处理。

(5)必须在车下组成的木骨架应按工艺要求组成后交出。

（总分 10 分，每项 2 分）

14. 答：(1)锯条、锯片——用于对木材进行纵剖、横截。(1 分)

(2)刀具包括：①刨刀片——用来刨削木材平面；②成型铣刀——用来完成沟槽、榫头、企口各种线条曲面；铣削加工主要是成型用加工刀具；③端铣刀——铣削各种形状的沟槽、榫孔。(2 分)

(3)钻头包括：①麻花钻头——钻圆孔；②方孔钻头——开方形榫眼用；③片状钻头——用于死节、虫眼等挖补钻孔；④空心钻头（套料刀）——专门用来钻制挖补木堵用；⑤沉头钻头——专门沉孔（划眼）用。(4 分)

(4)车刀——有圆刀、方刀、切刀、斜刀、圆头刀、尖头刀、左撇刀、右撇刀。(3 分)

15. 答：(1)划线基准应尽量与设计基准重合。

(2)形状对称的工件，应以对称中心线为基准。

(3)有孔的工件，应以主要的孔的中心线为基准。

(4)在未加工的毛坯上划线，应以重要的不加工表面为基准。

(5)在加工过的表面上划线，应以加工过的表面为基准。

（总分 10 分，每项 2 分）

16. 答：树木最主要的部分是生长于形成层与髓心之间的木质部，它包括初生木质部和次生木质部。(5 分)

木质部的粗视特征包括：年轮、早材和晚材、边材和心材、木射线、导管、侵填体、树脂道和木薄壁组织。(5 分)

17. 答：一种是自由水（或游离水），它存在于木材的细胞腔和细胞间隙的毛细管里，只能向空气中蒸发而不能从空气中吸收水分，这种水分多少，仅对木材的容积有影响，对木材的其他性质无多大影响(4 分)；另一种是吸着水（或结合水），存在于木材细胞壁内的微小纤维和胶粒之间，它既能向空气中蒸发水分，也可以从空气中吸收水分(4 分)，因此，它是影响木材胀缩的主要因素(2 分)。

18. 答：齿形胶接是一种将短木料开齿，接成长料的接长法(4 分)。

其主要工艺是：(1)备料（胶接的木料含水率在 10%～18%，树种应一样，去除缺陷，旧料去掉铁钉和螺栓孔）(1 分)。

(2)截头（将待接木料用活盘截锯将端部锯齐）(1 分)。

(3)开齿（采用专用机床和刀具将待接木料端部加工成锯齿形）(1 分)。

(4)涂胶（在开齿处涂胶，涂胶表面应保持清洁）(1 分)。

(5)加压（待接长木料，涂胶并组成后，在端部加压，压力为 5～10 kg/cm^2，并在一定温度范围内干燥 24 h）(1 分)。

(6)表面加工（将胶接后的木料采用平、压刨床加工成所需断面的成材）(1 分)。

19. 答：是靠机床前后两段工作台面的高度位置差来保证的(3 分)。平刨床的前工作台平面必须和车轴上刨刀的刃口相平，而后工作台的平面必须低于前工作台平面(4 分)。

这样便形成前后工作台面的位置差,这个数值就是工件的名义刨削厚度(3 分)。

20. 答:(1)锯齿的齿喉圆弧半径太小,使用时产生应力集中。消除办法是改用厚度较大的砂轮进行刃磨;增大齿喉圆弧半径。

(2)靠齿缘前半部分滚压过度,使齿缘部分过度紧张(口紧)锯背过分松弛。可在辊压机上滚压齿缘的前半部分,使其适当松弛。

(3)齿缘的前半部分滚压过度,锯背后半部分滚压不够,使齿缘部分过紧而张力过小(口松),引起锯条工作时摆动而造成裂纹,可在辊压机上滚压锯背的后半部分,使锯背松弛伸长,则齿缘部分可张紧。

(4)齿缘部分张紧力不均匀,有的地方过松,而另一地方又过紧,因此锯条工作时,张紧力大的地方就容易产生裂纹,这种情况必须进行仔细检查,查出过紧和过松的部位并分别打下标记,采用相应的修整方法进行纠正,以达到均匀一致。

(总分 10 分,每项 2.5 分)

21. 答:(1)齿刃不锋利,如锯条使用时间过长,没有及时进行修磨或刃磨时锉磨次数太少,齿尖没有磨锐。只要将锯条重新进行刃磨即可。

(2)锯路过大或过小,锯路过大,则工作时切削阻力也大;锯路太小,锯条与木材摩擦力增大,造成锯条从锯缝中通过困难,甚至会被木材夹住(夹锯);同时,由于摩擦严重,会使锯条发热伸长而不能正常工作,这时可重新修整锯路,调整锯路大小。

(3)齿室太小,锯屑容纳不了,应该扩大齿室。

(4)锯齿齿尖高低不一,即锯齿齿尖不在同一直线上,或者各齿的压料量不均匀,有大有小,以上两种情况都会造成锯割时锯齿受力不均,锯路大或齿尖高的齿受力大,锯路小或齿尖低的齿受力小,没有充分发挥齿的作用,所以锯割时锯齿发钝、走不动。纠正办法是锯齿重新刃磨或重新押料(或拨料)。

(5)锯条前口松,刚性不够,这是由于在滚压时前口滚压过度,后口滚压不够造成的,应重新滚压后口,调好锯条弯势。

(6)锯齿前角太小,切削角过大,锯齿不锋利,应重新刃磨,调整前角。

(总分 10 分,答对 5 项即得满分)

22. 答:原因有三方面:

(1)修锯不良方面的原因:锯口的松紧度不一致,锯条的适张度不均,锯条在运行中断裂,帮接的锯条厚度不一致。(4 分)

(2)锯机不良方面的原因:锯机失修,锯轮磨损轮面凸凹不平,锯轮松动,旋转时轻微摆动。(3 分)

(3)锯割操作方面的原因:锯卡子卡的太紧,锯条粘有木屑。(3 分)

23. 答:修锯作业产生的不良原因有锯口太松,与锯齿齿距相比齿高太大,齿底线周围水平度不佳(5 分)。锯割操作不良的原因有带冒大,锯卡子调节不周(5 分)。

24. 答:带锯条变形有七条原因:

(1)磨蚀,经过磨损后锯条变窄。

(2)疲劳,锯条的金属组织由于反复受力疲劳遭到破坏。

(3)拉伸,拉力超出了锯条的承受限度发生断裂现象。

(4)扭曲变形。

(5)挤压变形,使锯条发生掉条。

(6)剪切,进料速度太快,使锯齿产生脱落。

(7)断裂,在使用中发生放炮现象。

(总分 10 分,答对 5 项即得满分)

25. 答:三种功能是,其一通过它的切削刃和内外两个刀尖角切断木材纤维,完成切削任务;其二是在行锯的过程中扩大锯口,减小锯和切断材面的摩擦,避免锯条因摩擦发热而跑条;其三是在锯割的过程中,控制切割方向,引锯前进。

(总分 10 分,少答一种功能扣 3 分)

26. 答:首先从切削作用上来看,齿距越小,锯齿数量越多,则各个角工作量越小。因此锯齿能持久地工作,材面也光滑(3 分)。再从锯屑排的作用上看,齿距越小,齿室越窄,则锯屑贮容量越少,因此排屑性能不好,锯条容易发热,齿尖易变钝;相反,齿距过大,齿数量少,从排屑作用上齿室扩大,锯屑贮容量大,锯割顺利(4 分)。最后从切削作用上看,由于各齿室的工作增加锯齿容易变钝(3 分)。

27. 答:(1)要熟悉国家和部颁的技术标准、厂修规程及有关技术规定。

(2)积极采用新材料、新技术、新工艺。

(3)应做到工艺先进,工艺路线合理,操作方便、安全,有利于组成生产流水线。

(4)产品在加工过程中不产生(或尽量少产生)工件倒流现象,尽量减少工序间搬运量;

(5)减轻工人劳动强度,省工省料,降低成本;

(6)工艺规程应写明产品名称、材质、加工顺序,每个工序的加工尺寸、允许公差和应达到的表面质量。

(总分 10 分,答对 5 项即得满分)

28. 答:(1)逐步消除重体力劳动,改善劳动条件,实现原木运输、进料、操纵和板、方材工序间运输机械化,逐步形成锯制生产流水线。

(2)积极采用电动(自正角机)摇尺和数控摇尺,努力提高摇尺自动化程度和摇尺机构的工作稳定性,提高摇尺准确性。

(3)积极推广和应用合理下锯、划线下锯,努力提高原木成材率,节约木材。

(4)大力推广使用薄锯条,逐步停止使用圆锯制材。

(总分 10 分,每项 2.5 分)

29. 答:(1)根据本单位主要产品的加工特点,建立单机或多机生产流水线,提高生产效率和加工质量,减少往返运输和重体力劳动。

(2)批量大、工位多的零部件加工尽量采用多工位组合机床,提高产品的质量和零部件的通用性和互换性。

(3)改进木工机床的安全防护装置,特别是木工平刨机的安全防护装置,要做到既安全可靠,又操作灵活、使用方便。

(4)努力减轻木工机械噪声对工人身体健康的影响,改善工作环境。

(5)改进刀具结构和材质,积极推广和应用硬质合金刀具,制作高效率切削刀具,提高加工效率和加工质量。

(6)大力开展木材节约和综合利用,推广板条拼接和齿形胶接,充分利用短料、小料。

(7)不断改善加工工艺操作方法,采用机械化组装流水线,逐步减少或消除手工方法组装。

(总分 10 分,答对 5 项即得满分)

30. 答:(1)在工作场地及通道等处严禁明火作业,若必须明火作业,则应办妥有关手续,并有专人负责安全。

(2)吸烟必须到指定地点,下班前一小时禁止吸烟。

(3)严禁工作场所冬季用火炉取暖。

(4)工作场所不准存放汽油、煤油等易燃物品。

(5)工作场所下班时应将地面、机械设备上的刨花、锯末清扫干净,成品、半成品堆放整齐,不得堵塞通道。

(总分 10 分,每项 2 分)

31. 答:安全规程是本单位为了贯彻安全生产方针而制定的有关安全管理方面的规定,它为本单位职工规定了工作中的步骤和安全生产方面的指导要求(2 分)。

主要包括:

(1)安全技术操作规程。(2 分)

(2)设备安全运行规程。(2 分)

(3)工艺安全操作规程。(2 分)

(4)岗位责任制和交接班制。(2 分)

32. 答:机床安全检查的主要内容有:

(1)检查床头雨杯、油孔是否有油和堵塞。

(2)检查刀架螺栓有无损坏和松动。

(3)检查皮带卡子有无损坏或突出,以防折断伤人。

(4)检查木工机床皮带传动装置,并在开机前盖上安全罩。

(5)检查电气设备是否良好。

(6)检查机床周围有无妨碍工作的物件。

(总分 10 分,答对 5 项即得满分)

33. 答:工业企业的生产过程是指从产品生产准备开始,经投料加工制造,直到产品生产出来为止的全部过程(5 分)。它包括生产技术准备过程、基本生产过程、辅助生产过程和生产服务过程(5 分)。

34. 答:生产计划编制步骤:分析内外环境,拟订和优化方案;综合平衡;编制计划草案;讨论计划草案并做出必要的修正;最后加以批准并实施。(4 分)

生产计划编制内容主要包括:

(1)确定生产计划指标:①产品品种指标;②产品质量指标;③产品产量指标;④产值指标(2 分)。

(2)安排生产进度(2 分)。

(3)分配车间生产任务(2 分)。

35. 答:如图 1 所示。

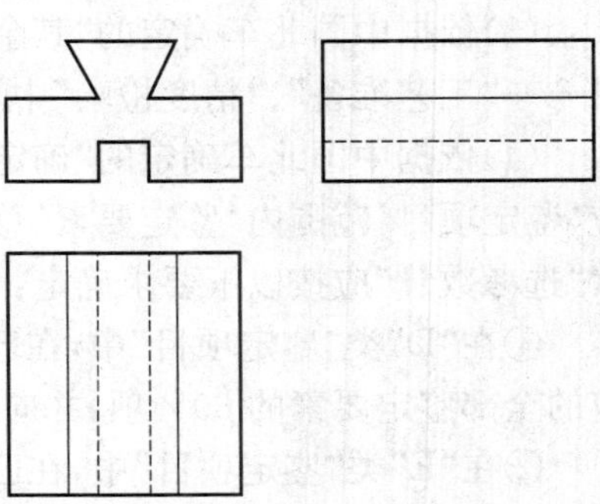

图 1

(总分 10 分,凡错、漏、多一条线,各扣 1 分)

机械木工(初级工)技能操作考核框架

一、框架说明

1. 依据《国家职业标准》[注],以及中国北车确定的“岗位个性服从于职业共性”的原则,提出机械木工(初级工)技能操作考核框架(以下简称:技能考核框架)。

2. 本职业等级技能操作考核评分采用百分制。即:满分为 100 分,60 分为及格,低于 60 分为不及格。

3. 实施“技能考核框架”时,考核制件(活动)命题可以选用本企业的加工件(活动项目),也可以结合实际另外组织命题。

4. 实施“技能考核框架”时,考核的时间和场地条件等应依据《国家职业标准》,并结合企业实际确定。

5. 实施“技能考核框架”时,其“职业功能”的分类按以下要求确定:

(1)“工件加工”属于本职业等级技能操作的核心职业活动,其“项目代码”为“E”。

(2)“工艺准备”、“精度检验”属于本职业等级技能操作的辅助性活动,其“项目代码”分别为“D”和“F”。

6. 实施“技能考核框架”时,其“鉴定项目”和“选考数量”按以下要求确定:

(1)按照《国家职业标准》有关技能操作鉴定比重的要求,本职业等级技能操作考核制件的“鉴定项目”应按“D”+“E”+“F”组合,其考核配分比例相应为:“D”占 20 分,“E”占 70 分,“F”占 10 分。

(2)依据中国北车确定的“核心职业活动选取 2/3,并向上取整”的规定,在“E”类鉴定项目——“工件加工”的全部 3 项中,至少选取 2 项。

(3)依据中国北车确定的“其余‘鉴定项目’的数量可以任选”的规定,“D”和“F”类鉴定项目——“工艺准备”、“精度检验”中,至少分别选取 1 项。

(4)依据中国北车确定的“确定‘选考数量’时,所涉及‘鉴定要素’的数量占比,应不低于对应‘鉴定项目’范围内‘鉴定要素’总数的 60%,并向上取整”的规定,考核制件(活动)的鉴定要素“选考数量”应按以下要求确定:

①在“D”类“鉴定项目”中,在已选定的至少 1 个鉴定项目中,至少选取已选鉴定项目所对应的全部鉴定要素的 60%项,并向上保留整数。

②在“E”类“鉴定项目”中,在已选定的至少 2 个鉴定项目所包含的全部鉴定要素中,至少选取总数的 60%项,并向上保留整数。

③在“F”类“鉴定项目”中,对应在已选定的 1 个鉴定项目中,至少选取已选鉴定项目所对应的全部鉴定要素的 60%项,并向上保留整数。

举例分析:

按照上述“第 6 条”要求,若命题时按最少数量选取,即:在“D”类鉴定项目中选取了“对图纸的初步认知"1项，在"E"类鉴定项目中选取了"方形平面的加工"、"孔的加工"2项，在"F"类鉴定项目中选取了"质量检查"1项，则：

此考核制件所涉及的"鉴定项目"总数为4项，具体包括："对图纸的初步认知"，"方形平面的加工"、"孔的加工"，"质量检查"。

此考核制件所涉及的鉴定要素"选考数量"相应为11项，具体包括："对图纸的初步认知"鉴定项目包含的全部5个鉴定要素中的3项，"方形平面的加工"、"孔的加工"等2个鉴定项目包括的全部8个鉴定要素中的5项，"质量检查"鉴定项目包含的全部4个鉴定要素中的3项。

7. 本职业等级技能操作需要两人及以上共同作业的，可由鉴定组织机构根据"必要、辅助"的原则，结合实际情况确定协助人员的数量。在整个操作过程中，协助人员只能起必要、简单的辅助作用。否则，每违反一次，至少扣减应考者的技能考核总成绩10分，直至取消其考试资格。

8. 实施"技能考核框架"时，应同时对应考者在质量、安全、工艺纪律、文明生产等方面行为进行考核。对于在技能操作考核过程中出现的违章作业现象，每违反一项(次)至少扣减技能考核总成绩10分，直至取消其考试资格。

注：按照中国北车规定，各《职业技能操作考核框架》的编制依据现行的《国家职业标准》或现行的《行业职业标准》或现行的《中国北车职业标准》的顺序执行。

二、机械木工(初级工)技能操作鉴定要素细目表

职业功能	鉴定项目				鉴定要素		
	项目代码	名称	鉴定比重(%)	选考方式	要素代码	名称	重要程度
工艺准备	D	木材的识别	20	任选	001	能初步了解树木的分类与名称	Y
					002	能够初步了解木材的构造特征	Y
					003	能了解木材的性质与用途	X
					004	能够认知边材与心材	X
					005	能够了解针、阔叶树材的构造特征	X
		对图纸的初步认知			001	能够了解图纸的基本结构	X
					002	能够认知各种基本视图	X
					003	能读懂简单的木制配件加工图	X
					004	能够绘制简单零件示意图	X
					005	能够了解图纸的各种绘画方法	X
		制定加工工艺			001	能读懂工艺技术要求	X
					002	制定简单的配件加工顺序	X
					003	能够理解加工工件的加工工艺标准	X
					004	知道制定加工工艺的基本原则	X
					005	能够清楚的知道制定加工工艺的注意事项	X
		刀具准备			001	能合理选用刀具能正确安装使用刀具	X
					002	能够了解常用刀具的基本参数	X
					003	能够对刀具的种类与特征有初步的了解	X

续上表

职业功能	鉴定项目				鉴定要素		
	项目代码	名称	鉴定比重（%）	选考方式	要素代码	名称	重要程度
工艺准备	D	刀具准备		任选	004	能够对刀具的热处理有简单的了解	X
		设备的调整与维护保养			001	能够对使用的设备构造有所了解	X
					002	能够制定设备的维护保养记录	X
					003	能进行常用设备的日常维护保养	X
					004	能够对常用设备进行简单故障维修	X
工件加工	E	方形平面的加工	70	至少选两项	001	能用平台带锯、平刨、压刨加工方形板材	X
					002	尺寸偏差符合要求	X
					003	垂直度、平行度符合要求	X
					004	工件加工表面光滑	X
		带花边花样配件加工及切削			001	对立铣、四面刨的操作有初步的了解	X
					002	能用立铣、四面刨制作简单花边花样配件	X
					003	工件加工表面光滑	X
					004	花边花样配件与图纸能够相符	X
					005	花边尺寸偏差能够符合要求	X
		孔的加工			001	对木工钻床的操作有初步的了解	X
					002	能用木工钻床加工孔	X
					003	工件的尺寸偏差符合要求	X
					004	工件加工表面光滑	X
精度检验	F	质量检查	10	任选	001	能用各种直尺、方尺等常用量具检验平面、垂直度	X
					002	对平面、垂直度的定义有简单的了解	X
					003	知道简单的平面、垂直度的测量方法	X
					004	工件表面光滑	X

注：重要程度中X表示核心要素，Y表示一般要素。下同。

CNR
中国北车

机械木工(初级工)
技能操作考核样题与分析

职 业 名 称：________________

考 核 等 级：________________

存 档 编 号：________________

考核站名称：________________

鉴定责任人：________________

命题责任人：________________

主管负责人：________________

中国北车股份有限公司劳动工资部制

职业技能鉴定技能操作考核制件图示或内容

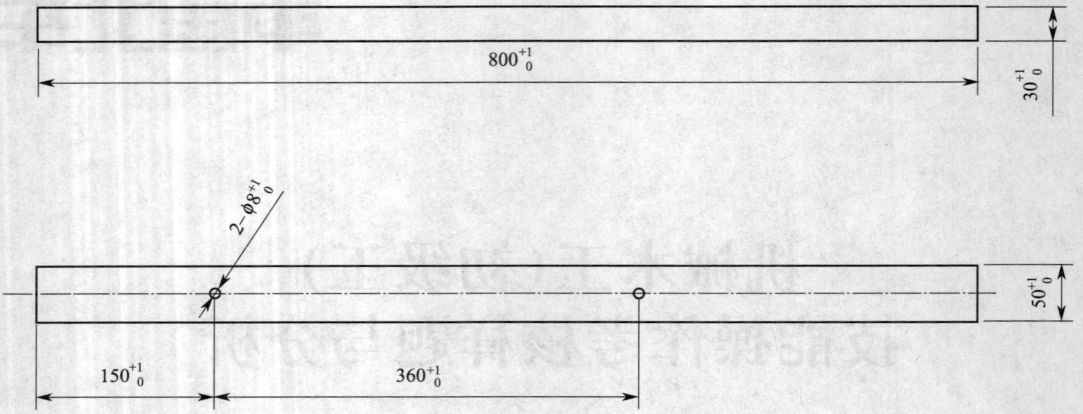

说明：

1. 检查木料是否符合技术要求，锯截、刨削木料达到图纸尺寸，并按图纸尺寸划线。
2. 按线钻孔，尺寸要求见图纸。
3. 零件图另附。

遵守安全操作规程、工艺纪律、文明生产，对于在技能操作考核过程中出现的违章作业现象，每违反一项（次）至少扣减技能考核总成绩 10 分，直至取消其考试资格。

职业名称	机械木工
考核等级	初级工
试题名称	木承成材和钻孔
材质等信息	

职业技能鉴定技能操作考核准备单

职业名称	机械木工
考核等级	初级工
试题名称	木承成材和钻孔

一、材料准备

1. 材料规格：
35 mm×200 mm×3 000 mm，落叶松干荒板。
2. 坯件尺寸及数量：
35 mm×55 mm×880 mm，1 根。

二、设备、工、量、卡具准备清单

序号	名称	规格	数量	备注
1	木工带锯机		1	
2	木工平刨机		1	
3	木工压刨机		1	
4	木工钻床		1	
5	铅笔、方尺、钢卷尺		各 1	
6	工作台		1	

三、考场准备

1. 相应的公用设备：木料存放托盘、待检品存放托盘。

2. 相应的场地及安全防范措施：能正确执行安全操作规程，安全生产无事故。设备状态良好，按公司有关文明生产规定，正确穿戴劳保用品，工作场地整洁，工件、工具摆放整齐。

3. 其他准备：饮用水等。

四、考核内容及要求

1. 考核内容(按考核制件图示及要求制作)。
木承成材和钻孔：
(1)检查木料是否符合技术要求，锯截、刨削木料达到图纸尺寸，并按图纸尺寸划线。
(2)按线钻孔，尺寸要求符合图纸。

遵守安全操作规程、工艺纪律、文明生产，对于在技能操作考核过程中出现的违章作业现象，每违反一项(次)至少扣减技能考核总成绩 10 分，直至取消其考试资格。

2. 考核时限：90 min。

3. 考核评分(表)。

木承成材和钻孔考核评分表

试件编号：　　　　　　　　　　　　　　　　　　　　　　得分：

考核项目	考核内容	配分	评分标准	扣分说明	得分
对图纸的初步认知	能够了解图纸的基本结构	2	不了解图纸的基本结构全扣		
	考件的主俯视图的识别	2	不能识别全扣		
	木承的加工图	4	不能领会全扣		
制定加工工艺	能读懂工艺技术要求	2	超公差全扣		
	木承的加工顺序	7	1项顺序不对扣2分		
	木承尺寸精度标准	3	工艺标准不清扣2～3分		
方形平面的加工	木承方材的加工	3	设备使用及加工方法一处不正确扣1分		
	木承尺寸及公差要求	20	有1处超差扣2分		
	木承各面垂直度、平行度的要求	10	有1处超差扣2分		
	木承加工面光滑	6	有1处不光滑扣2分		
孔的加工	对木工钻床的操作有初步的了解	2	不了解扣2分		
	能用木工钻床加工孔	3	不能使用设备全扣		
	工件的尺寸偏差符合要求	20	有1处超差扣2分		
	工件加工表面光滑	6	有1处不光滑扣2分		
质量检查	用常用量具检验木承各尺寸	4	量具使用一处错误扣1分		
	木承总体和孔的平面度、垂直度	2	不了解扣2分		
	使用游标卡尺和钢卷尺测量	2	1处测量不正确扣1分		
	木承表面的质量检查	2	一处检查不到位扣1分		
质量、安全、工艺纪律、文明生产等综合考核项目	考核时限	不限	超时停止操作		
	工艺纪律	不限	依据企业有关工艺纪律管理规定执行，每违反一次扣10分		
	劳动保护	不限	依据企业有关劳动保护管理规定执行，每违反一次扣10分		
	文明生产	不限	依据企业有关文明生产管理规定执行，每违反一次扣10分		
	安全生产	不限	依据企业有关安全生产管理规定执行，每违反一次扣10分，有重大安全事故，取消成绩		

考评员：　　　　　　　　　　　　　　　　　　　　　　时间：

职业技能鉴定技能考核制件(内容)分析

职业名称	机械木工				
考核等级	初级工				
试题名称	木承成材和钻孔				
职业标准依据	机械木工国家职业标准				
试题中鉴定项目及鉴定要素的分析与确定					
分析事项 \ 鉴定项目分类	基本技能“D”	专业技能“E”	相关技能“F”	合计	数量与占比说明
鉴定项目总数	5	3	1	9	
选取的鉴定项目数量	2	2	1	5	核心职业活动鉴定项目的选取满足不低于2/3的原则
选取的鉴定项目数量占比(%)	40	67	100	56	
对应选取鉴定项目所包含的鉴定要素总数	10	8	4	22	鉴定要素的选取数量占比满足不低于60%的原则
选取的鉴定要素数量	6	8	4	18	
选取的鉴定要素数量占比(%)	60	100	100	82	

所选取鉴定项目及相应鉴定要素分解与说明

鉴定项目类别	鉴定项目名称	国家职业标准规定比重(%)	《框架》中鉴定要素名称	本命题中具体鉴定要素分解	配分	评分标准	考核难点说明
“D”	对图纸的初步认知	20	能够了解图纸的基本结构	考件图纸的基本结构	2	不了解图纸的基本结构全扣	图纸的基本结构
			能够认知各种基本视图	考件的主俯视图的识别	2	不能识别全扣	三视图基础
			能读懂简单的木制配件加工图	木承的加工图	4	不能领会全扣	三视图基础
	制定加工工艺		能读懂工艺技术要求	尺寸公差	2	超公差全扣	公差知识
			制定简单的配件加工顺序	木承的加工顺序	7	1项顺序不对扣2分	顺序合理性
			能够理解加工工件的加工工艺标准	木承尺寸精度标准	3	工艺标准不清扣2～3分	标准清晰
“E”	方形平面的加工	70	能用平台带锯、平刨、压刨加工方形板材	木承方材的加工	3	设备使用及加工方法一处不正确扣1分	对各种设备操作的灵活性
			尺寸偏差符合要求	木承尺寸及公差要求	20	有1处超差扣2分	所有尺寸不超差
			垂直度、平行度符合要求	木承各面垂直度、平行度的要求	10	有1处超差扣2分	端面的平行和垂直
			工件加工表面光滑	木承加工面光滑	6	有1处不光滑扣2分	端面光滑程度
	孔的加工		对木工钻床的操作有初步的了解	考件钻孔对木工钻床的操作的了解	2	不了解扣2分	对设备功能的了解
			能用木工钻床加工孔	用木工钻床钻考件孔	3	不能使用设备全扣	设备的使用
			工件的尺寸偏差符合要求	木承各尺寸及公差要求	20	有1处超差扣2分	保证精度
			工件加工表面光滑	表面加工光滑	6	有1处不光滑扣2分	小孔面光滑程度

续上表

鉴定项目类别	鉴定项目名称	国家职业标准规定比重(%)	《框架》中鉴定要素名称	本命题中具体鉴定要素分解	配分	评分标准	考核难点说明
"F"	质量检查	10	能用各种直尺、方尺等常用量具检验平面、垂直度	用常用量具检验木承各尺寸	4	量具使用一处错误扣1分	正确使用量具
			对平面、垂直度的定义有简单的了解	木承总体和孔的平面度、垂直度	2	不了解扣2分	平面、垂直度定义的掌握
			知道简单的平面、垂直度的测量方法	使用游标卡尺和钢卷尺测量	2	1处测量不正确扣1分	测量基准面的选择
			工件表面光滑	木承表面的质量检查	2	一处检查不到位扣1分	质量标准的理解掌握
质量、安全、工艺纪律、文明生产等综合考核项目				考核时限	不限	超时停止操作	
				工艺纪律	不限	依据企业有关工艺纪律管理规定执行，每违反一次扣10分	
				劳动保护	不限	依据企业有关劳动保护管理规定执行，每违反一次扣10分	
				文明生产	不限	依据企业有关文明生产管理规定执行，每违反一次扣10分	
				安全生产	不限	依据企业有关安全生产管理规定执行，每违反一次扣10分，有重大安全事故，取消成绩	

机械木工(中级工)技能操作考核框架

一、框架说明

1. 依据《国家职业标准》注，以及中国北车确定的“岗位个性服从于职业共性”的原则，提出机械木工(中级工)技能操作考核框架(以下简称：技能考核框架)。

2. 本职业等级技能操作考核评分采用百分制。即：满分为 100 分，60 分为及格，低于 60 分为不及格。

3. 实施“技能考核框架”时，考核制件(活动)命题可以选用本企业的加工件(活动项目)，也可以结合实际另外组织命题。

4. 实施“技能考核框架”时，考核的时间和场地条件等应依据《国家职业标准》，并结合企业实际确定。

5. 实施“技能考核框架”时，其“职业功能”的分类按以下要求确定：

(1)“工件加工”属于本职业等级技能操作的核心职业活动，其“项目代码”为“E”。

(2)“工艺准备”、“精度检验”属于本职业等级技能操作的辅助性活动，其“项目代码”分别为“D”和“F”。

6. 实施“技能考核框架”时，其“鉴定项目”和“选考数量”按以下要求确定：

(1)按照《国家职业标准》有关技能操作鉴定比重的要求，本职业等级技能操作考核制件的“鉴定项目”应按“D”+“E”+“F”组合，其考核配分比例相应为：“D”占 20 分，“E”占 70 分，“F”占 10 分。

(2)依据中国北车确定的“核心职业活动选取 2/3，并向上取整”的规定，在“E”类鉴定项目——“工件加工”的全部 7 项中，至少选取 5 项。

(3)依据中国北车确定的“其余‘鉴定项目’的数量可以任选”的规定，“D”和“F”类鉴定项目——“工艺准备”、“精度检验”中，至少分别选取 1 项。

(4)依据中国北车确定的“确定‘选考数量’时，所涉及‘鉴定要素’的数量占比，应不低于对应‘鉴定项目’范围内‘鉴定要素’总数的 60%，并向上取整”的规定，考核制件(活动)的鉴定要素“选考数量”应按以下要求确定：

①在“D”类“鉴定项目”中，在已选定的至少 1 个鉴定项目中，至少选取已选鉴定项目所对应的全部鉴定要素的 60%项，并向上保留整数。

②在“E”类“鉴定项目”中，在已选定的至少 5 个鉴定项目所包含的全部鉴定要素中，至少选取总数的 60%项，并向上保留整数。

③在“F”类“鉴定项目”中，对应在已选定的 1 个鉴定项目中，至少选取已选鉴定项目所对应的全部鉴定要素的 60%项，并向上保留整数。

举例分析：

按照上述“第 6 条”要求，若命题时按最少数量选取，即：在“D”类鉴定项目中选取了“识图与绘图"1 项，在"E"类鉴定项目中选取了"板材纵解"、"木材刨削加工"、"榫头加工"、"榫槽加工"、"圆形配件加工"5 项，在"F"类鉴定项目中选取了"质量检查"1 项，则：

此考核制件所涉及的"鉴定项目"总数为 7 项，具体包括："识图与绘图"，"板材纵解"、"木材刨削加工"、"榫头加工"、"榫槽加工"、"圆形配件加工"，"质量检查"。

此考核制件所涉及的鉴定要素"选考数量"相应为 20 项，具体包括："识图与绘图"鉴定项目包含的全部 3 个鉴定要素中的 2 项，"板材纵解"、"木材刨削加工"、"榫头加工"、"榫槽加工"、"圆形配件加工"等 5 个鉴定项目包括的全部 26 个鉴定要素中的 16 项，"质量检查"鉴定项目包含的全部 3 个鉴定要素中的 2 项。

7. 本职业等级技能操作需要两人及以上共同作业的，可由鉴定组织机构根据"必要、辅助"的原则，结合实际情况确定协助人员的数量。在整个操作过程中，协助人员只能起必要、简单的辅助作用。否则，每违反一次，至少扣减应考者的技能考核总成绩 10 分，直至取消其考试资格。

8. 实施"技能考核框架"时，应同时对应考者在质量、安全、工艺纪律、文明生产等方面行为进行考核。对于在技能操作考核过程中出现的违章作业现象，每违反一项（次）至少扣减技能考核总成绩 10 分，直至取消其考试资格。

注：按照中国北车规定，各《职业技能操作考核框架》的编制依据现行的《国家职业标准》或现行的《行业职业标准》或现行的《中国北车职业标准》的顺序执行。

二、机械木工（中级工）技能操作鉴定要素细目表

职业功能	鉴定项目				鉴定要素		
	项目代码	名称	鉴定比重（%）	选考方式	要素代码	名称	重要程度
工艺准备	D	木材识别	20	任选	001	能识别木材及用途	Y
					002	能够了解木材切面的构造特征	X
					003	能够利用修补方法修补木材缺陷	X
					004	能够识别各种合成板材	X
					005	能够对原木进行简单的加工	X
		识图与绘图			001	能读懂简单的卯榫结构部图	X
					002	能够读懂木门窗的构造图	X
					003	能够理解各种木工划线的含义	X
		制定加工工艺			001	能读懂常用木制配件加工工艺流程	X
					002	能制定简单配件的加工工艺规程	X
					003	能够读懂图纸的工艺技术要求	X
		刀具准备			001	能合理选用常用刀具	X
					002	能够对常用刀具安装、调整、使用	X
					003	能够对各种刀具进行刃磨	X
		设备调整保养			001	根据加工的不同内容合理使用常用设备，如跑车带锯机、台式带锯机、四面刨、立铣、木工车床、榫槽机、细木工带锯机、平刨等	X
					002	常用设备的调整、日常维护、润滑及使用	X

续上表

职业功能	鉴定项目				鉴定要素		
	项目代码	名称	鉴定比重（%）	选考方式	要素代码	名称	重要程度
工件加工	E	板材纵解	70	至少选五项	001	能够了解平台带锯的构造	X
					002	能够对平台带锯进行操作	X
					003	能够了解圆锯机的结构特点	X
					004	能够对圆锯机进行操作	X
					005	毛边板材纵解尺寸偏差符合要求	X
		木材刨削加工			001	能够了解平刨机、压刨机、四面刨的结构原理	X
					002	能够对平刨机、压刨机、四面刨进行安全操作	X
					003	能够了解板材的加工方法与工艺标准	X
					004	能够对平刨机、压刨机、四面刨的刀片进行换装与调整	X
					005	能够对板材选取合理正确的基准面	X
		榫头加工			001	能够了解开榫机的种类与用途	X
					002	能够了解开榫机的结构特征	X
					003	能够对开榫机进行安全操作	X
					004	能够使榫头尺寸偏差符合要求	X
					005	能够对开榫机的刀片进行安装与调整	X
		榫槽加工			001	了解榫槽机的种类与结构特征	X
					002	能够安全操作榫槽机	X
					003	能够对榫槽机进行维护保养	X
					004	能够对榫槽机的刀片进行安装与调整	X
					005	能够使榫槽尺寸偏差符合要求	X
		圆形配件加工			001	能够了解木工车床的种类与用途	X
					002	能够操作木工车床	X
					003	能够对木工车床进行维护保养	X
					004	能合理使用刀具	X
					005	能正确调整刀架距离	X
					006	加工工件表面光滑	X
		裁口曲面加工			001	能够了解铣床的种类与特征	X
					002	能够对铣床进行安全操作	X
					003	能合理选用铣刀	X
					004	能正确调整加工量	X
					005	能够使用样板并进行合理调整	X
					006	能加工裁口、曲面外形复合图纸要求	X
					007	尺寸偏差符合要求	X
					008	加工工件表面光滑	X

续上表

职业功能	鉴定项目				鉴定要素		
	项目代码	名称	鉴定比重（%）	选考方式	要素代码	名　称	重要程度
工件加工	E	放样		至少选五项	001	能进行简单木制配件的放样	X
					002	能够使用放样划线工具	X
					003	能运用划线放样的方法	X
精度检验	F	质量检查	10	任选	001	能用各种直尺、方尺等常用量具检验平面、垂直度	X
					002	能运用各种方法进行检验	X
					003	能够了解各种检验仪器	X

机械木工(中级工)
技能操作考核样题与分析

职业名称：____________

考核等级：____________

存档编号：____________

考核站名称：____________

鉴定责任人：____________

命题责任人：____________

主管负责人：____________

中国北车股份有限公司劳动工资部制

职业技能鉴定技能操作考核制件图示或内容(一)

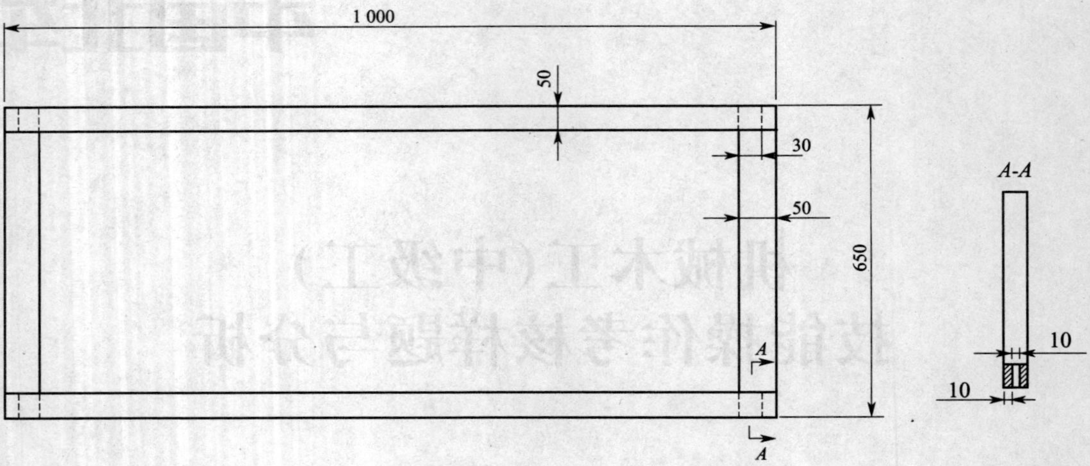

说明：

1. 检查木料是否符合技术要求，锯截、刨削木料达到图纸尺寸，并按图纸尺寸划线。
2. 用液压钻凿机、单头开榫机加工卯榫，尺寸要求见图纸。
3. 卯榫插接配合。
4. 零件图另附。

遵守安全操作规程、工艺纪律、文明生产，对于在技能操作考核过程中出现的违章作业现象，每违反一项(次)至少扣减技能考核总成绩 10 分，直至取消其考试资格。

职业名称	机械木工
考核等级	中级工
试题名称	木承单卯榫配合
材质等信息	

职业技能鉴定技能操作考核制件图示或内容(二)

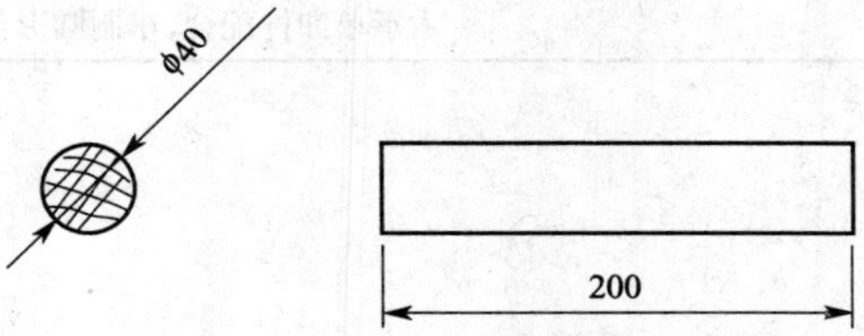

说明：

检查木料是否符合技术要求，车削、锯截木料达到图纸尺寸。

遵守安全操作规程、工艺纪律、文明生产，对于在技能操作考核过程中出现的违章作业现象，每违反一项(次)至少扣减技能考核总成绩 10 分，直至取消其考试资格。

职业名称	机械木工
考核等级	中级工
试题名称	车制圆形件
材质等信息	

职业技能鉴定技能操作考核准备单

职业名称	机械木工
考核等级	中级工
试题名称	木承单卯榫配合、车制圆形件

一、材料准备

1. 材料规格：

木承：35 mm×200 mm×3 000 mm 落叶松干荒板。

圆形件：ϕ60×2 000 落叶松圆木。

2. 坯件尺寸及数量：

木承：35 mm×55 mm×1 100 mm，2 根。

木承：35 mm×55 mm×700mm，2 根。

圆形件：ϕ60×300，1 根。

二、设备、工、量、卡具准备清单

序号	名称	规格	数量	备注
1	木工带锯机		1	
2	木工平刨机		1	
3	木工压刨机		1	
4	液压钻凿机		1	
5	单头开榫机		1	
6	木工车床		1	
7	铅笔、方尺、钢卷尺		各 1	
8	工作台		1	

三、考场准备

1. 相应的公用设备：木料存放托盘、待检品存放托盘。

2. 相应的场地及安全防范措施：能正确执行安全操作规程，安全生产无事故。设备状态良好，按公司有关文明生产规定，正确穿戴劳保用品，工作场地整洁，工件、工具摆放整齐。

3. 其他准备：饮用水等。

四、考核内容及要求

1. 考核内容（按考核制件图示及要求制作）。

（1）木承单卯榫配合。

1）检查木料是否符合技术要求，锯截、刨削木料达到图纸尺寸，并按图纸尺寸划线。

2）用液压钻凿机、单头开榫机加工卯榫，尺寸要求见图纸。

3）卯榫插接配合。

（2）车制圆形件。检查木料是否符合技术要求，车削、锯截木料达到图纸尺寸。

遵守安全操作规程、工艺纪律、文明生产，对于在技能操作考核过程中出现的违章作业现象，每违反一项(次)至少扣减技能考核总成绩10分，直至取消其考试资格。

2. 考核时限：120 min。

3. 考核评分(表)。

木承单卯榫配合和车制圆形件考核评分表

试件编号： 得分：

考核项目	考核内容	配分	评分标准	扣分说明	得分
识图与绘图	能读懂简单的卯榫结构部图	4	不能识别全扣		
	能够理解各种木工划线的含义	4	不能领会全扣		
制定加工工艺	能读懂常用木制配件加工工艺流程	7	1项顺序不对扣2分		
	能够读懂图纸的工艺技术要求	5	工艺标准不清扣2～5分		
板材纵解	能够了解平台带锯的构造	2	不了解扣2分		
	能够对平台带锯进行操作	1	设备操作一处不当扣1分		
	毛边板材纵解尺寸偏差符合要求	1	超差扣1分		
木材刨削加工	能够了解平刨机、压刨机、四面刨的结构原理	2	不熟练扣1分		
	能够对平刨机、压刨机、四面刨进行安全操作	3	不能操作设备全扣		
	能够了解板材的加工方法与工艺标准	2	一项标准不了解扣1分		
	能够对平刨机、压刨机、四面刨的刀片进行换装与调整	4	换装与调整1处不到位扣2分		
	能够对板材选取合理正确的基准面	4	有1处不正确扣2分		
榫头加工	能够了解开榫机的种类与用途	2	不了解全扣		
	能够了解开榫机的结构特征	2	1处了解不全扣1分		
	能够对开榫机进行安全操作	3	不能安全操作全扣		
	能够使榫头尺寸偏差符合要求	10	有1处尺寸超差扣2分		
	能够对开榫机的刀片进行安装与调整	2	有1处问题扣1分		
榫槽加工	了解榫槽机的种类与结构特征	2	不了解全扣		
	能够安全操作榫槽机	3	不能安全操作全扣		
	能够对榫槽机进行维护保养	2	达不到扣2分		
	能够对榫槽机的刀片进行安装与调整	2	有1处问题扣1分		
	能够使榫槽尺寸偏差符合要求	10	有1处尺寸超差扣2分		
圆形配件加工	能够了解木工车床的种类与用途	2	不了解全扣		
	能够操作木工车床	2	不能安全操作全扣		
	能够对木工车床进行维护保养	2	达不到扣2分		
	能合理使用刀具	2	不合理扣2分		
	能正确调整刀架距离	2	不正确扣2分		
	加工工件表面光滑	3	有1处不光滑扣1分		

续上表

考核项目	考核内容	配分	评分标准	扣分说明	得分
质量检查	能用各种直尺、方尺等常用量具检验平面、垂直度	6	量具使用一处错误扣 1 分		
	能运用各种方法进行检验	2	不了解扣 2 分		
	能够了解各种检验仪器	2	1 处测量不正确扣 1 分		
质量、安全、工艺纪律、文明生产等综合考核项目	考核时限	不限	超时停止操作		
	工艺纪律	不限	依据企业有关工艺纪律管理规定执行，每违反一次扣 10 分		
	劳动保护	不限	依据企业有关劳动保护管理规定执行，每违反一次扣 10 分		
	文明生产	不限	依据企业有关文明生产管理规定执行，每违反一次扣 10 分		
	安全生产	不限	依据企业有关安全生产管理规定执行，每违反一次扣 10 分，有重大安全事故，取消成绩		

考评员：　　　　　　　　　　　　　　　　　　时间：

职业技能鉴定技能考核制件(内容)分析

职业名称	机械木工
考核等级	中级工
试题名称	木承单卯榫配合、车制圆形件
职业标准依据	机械木工国家职业标准

试题中鉴定项目及鉴定要素的分析与确定

分析事项 \ 鉴定项目分类	基本技能“D”	专业技能“E”	相关技能“F”	合计	数量与占比说明
鉴定项目总数	5	7	1	13	核心职业活动鉴定项目的选取满足不低于2/3的原则
选取的鉴定项目数量	2	5	1	8	
选取的鉴定项目数量占比(%)	40	71	100	62	
对应选取鉴定项目所包含的鉴定要素总数	6	26	3	35	鉴定要素的选取数量占比满足不低于60%的原则
选取的鉴定要素数量	4	24	3	31	
选取的鉴定要素数量占比(%)	67	92	100	89	

所选取鉴定项目及相应鉴定要素分解与说明

鉴定项目类别	鉴定项目名称	国家职业标准规定比重(%)	《框架》中鉴定要素名称	本命题中具体鉴定要素分解	配分	评分标准	考核难点说明
“D”	识图与绘图	20	能读懂简单的卯榫结构部图	考件的卯榫结构的识别	4	不能识别全扣	三视图基础
			能够理解各种木工划线的含义	卯榫、圆形件划线	4	不能领会全扣	划线基准的选择
	制定加工工艺		能读懂常用木制配件加工工艺流程	卯榫配合、圆形件的加工顺序	7	1项顺序不对扣2分	顺序合理性
			能够读懂图纸的工艺技术要求	考件的工艺标准、尺寸精度标准	5	工艺标准不清扣2～5分	标准清晰
“E”	板材纵解	70	能够了解平台带锯的构造	考件所用带锯构造	2	不了解扣2分	工作原理
			能够对平台带锯进行操作	考件的锯截操作	1	设备操作1处不当扣1分	设备操作的灵活性
			毛边板材纵解尺寸偏差符合要求	尺寸	1	超差扣1分	精度的控制
	木材刨削加工		能够了解平刨机、压刨机、四面刨的结构原理	结构原理的了解	2	不熟练扣1分	了解的全面性
			能够对平刨机、压刨机、四面刨进行安全操作	考件所用平刨机、压刨的操作	3	不能操作设备全扣	设备的合理使用
			能够了解板材的加工方法与工艺标准	考件的加工方法与工艺标准	2	1项标准不了解扣1分	标准掌握
			能够对平刨机、压刨机、四面刨的刀片进行换装与调整	考件所用平刨机、压刨机的刀片进行换装与调整	4	换装与调整1处不到位扣2分	调整的尺寸掌握
			能够对板材选取合理正确的基准面	考件基准面的选取	4	有1处不正确扣2分	选择的合理性

续上表

鉴定项目类别	鉴定项目名称	国家职业标准规定比重(%)	《框架》中鉴定要素名称	本命题中具体鉴定要素分解	配分	评分标准	考核难点说明
"E"	榫头加工		能够了解开榫机的种类与用途	考件涉及的开榫机种类与用途	2	不了解全扣	理解掌握的灵活性
			能够了解开榫机的结构特征	木承开卯榫所用开榫机	2	1处了解不全扣1分	结构原理的掌握
			能够对开榫机进行安全操作	木承开卯榫的安全操作	3	不能安全操作全扣	操作灵活性
			能够使榫头尺寸偏差符合要求	木承榫头的尺寸	10	有1处尺寸超差扣2分	精度的控制
			能够对开榫机的刀片进行安装与调整	木承榫头加工设备刀具的安装调整	2	有1处问题扣1分	调整的合理正确
	榫槽加工		了解榫槽机的种类与结构特征	考件所涉及榫槽机种类与用途	2	不了解全扣	理解掌握的灵活性
			能够安全操作榫槽机	木承开卯榫的安全操作	3	不能安全操作全扣	操作灵活性
			能够对榫槽机进行维护保养	考件所用榫槽机进行维护保养	2	达不到扣2分	维护保养的正确性
			能够对榫槽机的刀片进行安装与调整	木承开卯用榫槽机的刀片进行安装与调整	2	有1处问题扣1分	调整的合理正确
			能够使榫槽尺寸偏差符合要求	木承榫槽尺寸偏差符合要求	10	有1处尺寸超差扣2分	精度的控制
	圆形配件加工		能够了解木工车床的种类与用途	圆形件车制所涉及的车床	2	不了解全扣	理解掌握的灵活性
			能够操作木工车床	圆形件车制的车床操作	2	不能安全操作全扣	操作灵活性
			能够对木工车床进行维护保养	圆形件车制所用的木工车床进行维护保养	2	达不到扣2分	维护保养的正确性
			能合理使用刀具	圆形件车制所用刀具的合理使用	2	不合理扣2分	合理性
			能正确调整刀架距离	圆形件车制正确调整刀架距离	2	不正确扣2分	距离调整合适
			加工工件表面光滑	圆形件车制成品件表面光滑	3	有1处不光滑扣1分	锯截表面的光滑
"F"	质量检查	10	能用各种直尺、方尺等常用量具检验平面、垂直度	用常用量具检验考件各尺寸	6	量具使用一处错误扣1	正确使用量具
			能运用各种方法进行检验	考件的各种检验方法	2	不了解扣2分	方法的多样性
			能够了解各种检验仪器	考件涉及的各种检验仪器	2	1处测量不正确扣1分	检验仪器选用

续上表

鉴定项目类别	鉴定项目名称	国家职业标准规定比重(%)	《框架》中鉴定要素名称	本命题中具体鉴定要素分解	配分	评分标准	考核难点说明
质量、安全、工艺纪律、文明生产等综合考核项目				考核时限	不限	超时停止操作	
				工艺纪律	不限	依据企业有关工艺纪律管理规定执行,每违反一次扣10分	
				劳动保护	不限	依据企业有关劳动保护管理规定执行,每违反一次扣10分	
				文明生产	不限	依据企业有关文明生产管理规定执行,每违反一次扣10分	
				安全生产	不限	依据企业有关安全生产管理规定执行,每违反一次扣10分,有重大安全事故,取消成绩	

机械木工(高级工)技能操作考核框架

一、框架说明

1. 依据《国家职业标准》注,以及中国北车确定的“岗位个性服从于职业共性”的原则,提出机械木工(高级工)技能操作考核框架(以下简称:技能考核框架)。

2. 本职业等级技能操作考核评分采用百分制。即:满分为 100 分,60 分为及格,低于 60 分为不及格。

3. 实施“技能考核框架”时,考核制件(活动)命题可以选用本企业的加工件(活动项目),也可以结合实际另外组织命题。

4. 实施“技能考核框架”时,考核的时间和场地条件等应依据《国家职业标准》,并结合企业实际确定。

5. 实施“技能考核框架”时,其“职业功能”的分类按以下要求确定:

(1)“工件加工”属于本职业等级技能操作的核心职业活动,其“项目代码”为“E”。

(2)“工艺准备”、“精度检验”属于本职业等级技能操作的辅助性活动,其“项目代码”分别为“D”和“F”。

6. 实施“技能考核框架”时,其“鉴定项目”和“选考数量”按以下要求确定:

(1)按照《国家职业标准》有关技能操作鉴定比重的要求,本职业等级技能操作考核制件的“鉴定项目”应按“D”+“E”+“F”组合,其考核配分比例相应为:“D”占 15 分,“E”占 75 分,“F”占 10 分。

(2)依据中国北车确定的“核心职业活动选取 2/3,并向上取整”的规定,在“E”类鉴定项目——“工件加工”的全部 4 项中,至少选取 3 项。

(3)依据中国北车确定的“其余‘鉴定项目’的数量可以任选”的规定,“D”和“F”类鉴定项目——“工艺准备”、“精度检验”中,至少分别选取 1 项。

(4)依据中国北车确定的“确定‘选考数量’时,所涉及‘鉴定要素’的数量占比,应不低于对应‘鉴定项目’范围内‘鉴定要素’总数的 60%,并向上取整”的规定,考核制件(活动)的鉴定要素“选考数量”应按以下要求确定:

①在“D”类“鉴定项目”中,在已选定的至少 1 个鉴定项目中,至少选取已选鉴定项目所对应的全部鉴定要素的 60%项,并向上保留整数。

②在“E”类“鉴定项目”中,在已选定的至少 3 个鉴定项目所包含的全部鉴定要素中,至少选取总数的 60%项,并向上保留整数。

③在“F”类“鉴定项目”中,对应在已选定的 1 个鉴定项目中,至少选取已选鉴定项目所对应的全部鉴定要素的 60%项,并向上保留整数。

举例分析:

按照上述“第 6 条”要求,若命题时按最少数量选取,即:在“D”类鉴定项目中选取了“识图与绘图”等 1 项,在“E”类鉴定项目中选取了“制材加工”、“成材加工”、“刀具磨修”等 3 项,在

"F"类鉴定项目中选取了"质量检查"等 1 项,则:

此考核制件所涉及的"鉴定项目"总数为 5 项,具体包括:"识图与绘图","制材加工"、"成材加工"、"刀具磨修","质量检查"。

此考核制件所涉及的鉴定要素"选考数量"相应为 14 项,具体包括:"识图与绘图"鉴定项目包含的全部 4 个鉴定要素中的 3 项,"制材加工"、"成材加工"、"刀具磨修"等 3 个鉴定项目包括的全部 12 个鉴定要素中的 8 项,"质量检查"鉴定项目包含的全部 4 个鉴定要素中的 3 项。

7. 本职业等级技能操作需要两人及以上共同作业的,可由鉴定组织机构根据"必要、辅助"的原则,结合实际情况确定协助人员的数量。在整个操作过程中,协助人员只能起必要、简单的辅助作用。否则,每违反一次,至少扣减应考者的技能考核总成绩 10 分,直至取消其考试资格。

8. 实施"技能考核框架"时,应同时对应考者在质量、安全、工艺纪律、文明生产等方面行为进行考核。对于在技能操作考核过程中出现的违章作业现象,每违反一项(次)至少扣减技能考核总成绩 10 分,直至取消其考试资格。

注:按照中国北车规定,各《职业技能操作考核框架》的编制依据现行的《国家职业标准》或现行的《行业职业标准》或现行的《中国北车职业标准》的顺序执行。

二、机械木工(高级工)技能操作鉴定要素细目表

职业功能	鉴定项目				鉴定要素		
	项目代码	名称	鉴定比重(%)	选考方式	要素代码	名称	重要程度
工艺准备	D	木材特性识别	15	任选	001	能够识别针、阔叶木材的种类及用途	X
					002	能根据配件要求利用木材特性进行选材	X
					003	会查询木材检索表	X
					004	通过了解木材的物理性能进而解决对配件的影响	X
					005	通过了解木材的自身性能进而解决对配件的影响	X
		识图与绘图			001	能读懂较复杂家具结构图	X
					002	能绘制简单零件示意图	X
					003	能读懂车辆的结构图	X
					004	能绘制简单的立体图	X
		制定加工工艺			001	能制定简单配件的加工工艺规程	X
					002	能编制荒、成材加工工艺流程	X
					003	能制定较复杂装饰装潢工程施工顺序	X
		工件定位与夹紧			001	能应用定位原理对工件进行正确定位和夹紧	X
					002	对形状复杂的工件提出夹紧方案	X
					003	能调整复杂的专用夹具和组合夹具	X
		刀具准备			001	能修磨各种刀具	X
					002	能根据难加工材料的特点,正确选择刀具材料和参数	X
					003	能够了解刀具的材质与种类	X
					004	能够对刀具进行安装、调整、使用	X

续上表

职业功能	鉴定项目				鉴定要素		
	项目代码	名称	鉴定比重（%）	选考方式	要素代码	名　称	重要程度
		设备的调整与维护保养			001	能对常用设备进行调整	X
					002	能排除机床的一般故障	X
					003	能及时发现机床的电路故障	X
					004	能够了解设备的各个气动、液压元件及其作用	X
工件加工	E	木工放样	75	至少选三项	001	能够对工件进行放样	X
					002	能够使用各种放样工具	X
					003	能够运用各种放样方法	X
					004	能够对特殊的工件进行放样	X
					005	能按施工图对各种配件、家具等按比例进行放样	X
		制材加工			001	能熟练操作制材加工的机械设备	X
					002	能掌握制材加工流程	X
					003	加工配件符合要求	X
					004	能解决制材加工中出现质量问题	X
		成材加工			001	能熟练操作成材加工的机械设备	X
					002	能掌握成材加工流程	X
					003	加工配件符合要求	X
					004	合理选用调整刀具、加工量合理	X
					005	能解决成材加工中出现质量问题	X
		刀具磨修			001	能掌握木工机械的各种刀具磨修方法	X
					002	各种刀具安装调整	X
					003	能设计简单夹具	X
精度检验	F	质量检查	10	任选	001	能正确使用样板、角度尺进行曲面尺寸检验	X
					002	能根据图纸要求制作简单样板	X
					003	加工的工件能够达到图纸要求	X
					004	能够掌握工件的质量检查方法	X

中国北车

机械木工(高级工)
技能操作考核样题与分析

职 业 名 称：________________

考 核 等 级：________________

存 档 编 号：________________

考核站名称：________________

鉴定责任人：________________

命题责任人：________________

主管负责人：________________

中国北车股份有限公司劳动工资部制

职业技能鉴定技能操作考核制件图示或内容(一)

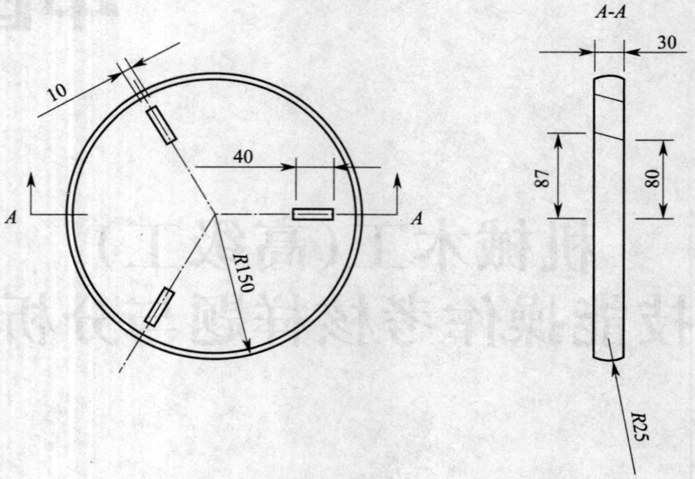

说明：

1. 检查木料是否符合技术要求，锯截、车削、刨削木料达到图纸尺寸，并按图纸尺寸划线。
2. 用液压钻凿机加工榫槽，尺寸要求见图纸。
3. 零件图另附。

遵守安全操作规程、工艺纪律、文明生产，对于在技能操作考核过程中出现的违章作业现象，每违反一项(次)至少扣减技能考核总成绩10分，直至取消其考试资格。

职业名称	机械木工
考核等级	高级工
试题名称	圆凳面加工
材质等信息	

职业技能鉴定技能操作考核制件图示或内容(二)

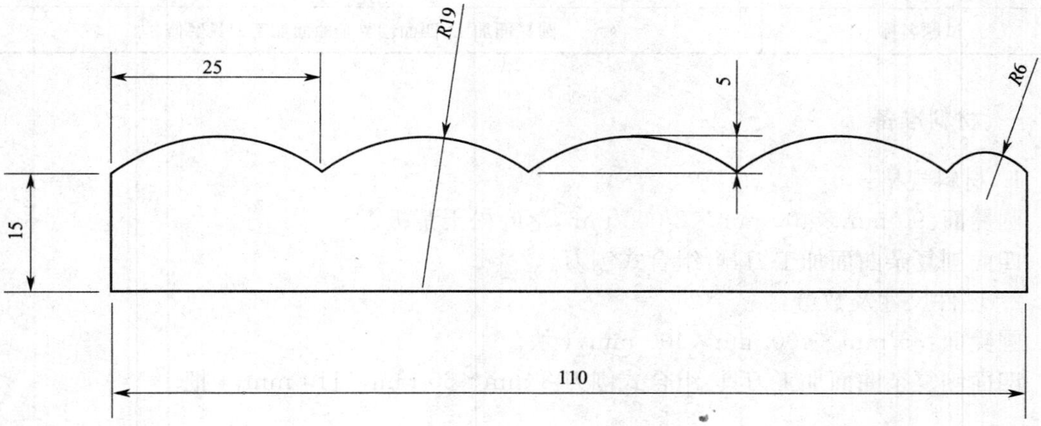

说明:

1. 刀刃切口角度符合技术要求。
2. 刃口形状符合图纸要求。

遵守安全操作规程、工艺纪律、文明生产,对于在技能操作考核过程中出现的违章作业现象,每违反一项(次)至少扣减技能考核总成绩10分,直至取消其考试资格。

职业名称	机械木工
考核等级	高级工
试题名称	四面刨复杂曲面加工刀具磨修
材质等信息	

职业技能鉴定技能操作考核准备单

职业名称	机械木工
考核等级	高级工
试题名称	圆凳面加工、四面刨复杂曲面加工刀具磨修

一、材料准备

1. 材料规格：

圆凳面：90 mm×400 mm×2 000 mm，落叶松干荒板。

四面刨复杂曲面加工刀具：组合式刨刀。

2. 坯件尺寸及数量：

圆凳面：35 mm×400 mm×400 mm，1 块。

四面刨复杂曲面加工刀具：组合式刨刀 8 mm×60 mm×110 mm，4 把。

二、设备、工、量、卡具准备清单

序号	名称	规格	数量	备注
1	木工带锯机		1	
2	木工平刨机		1	
3	木工压刨机		1	
4	液压钻凿机		1	
5	磨刀机		1	
6	木工车床		1	
7	铅笔、方尺、钢卷尺		各 1	
8	工作台		1	

三、考场准备

1. 相应的公用设备：木料存放托盘、待检品存放托盘。

2. 相应的场地及安全防范措施：能正确执行安全操作规程，安全生产无事故。设备状态良好，按公司有关文明生产规定，正确穿戴劳保用品，工作场地整洁，工件、工具摆放整齐。

3. 其他准备：饮用水等。

四、考核内容及要求

1. 考核内容(按考核制件图示及要求制作)。

(1)圆凳面加工。

1)检查木料是否符合技术要求，锯截、车削、刨削木料达到图纸尺寸，并按图纸尺寸划线。

2)用液压钻凿机加工榫槽，尺寸要求见图纸。

(2)四面刨复杂曲面加工刀具磨修。

1)刀刃切口角度符合技术要求。

2)刃口形状符合图纸要求。

遵守安全操作规程、工艺纪律、文明生产,对于在技能操作考核过程中出现的违章作业现象,每违反一项(次)至少扣减技能考核总成绩10分,直至取消其考试资格。

2. 考核时限:120 min。

3. 考核评分(表)。

圆凳面加工、四面刨复杂曲面加工刀具磨修考核评分表

试件编号: 得分:

考核项目	考核内容	配分	评分标准	扣分说明	得分
制定加工工艺	能制定简单配件的加工工艺规程	2	1处工艺规程大的错误扣2分		
	能编制荒、成材加工工艺流程	2	1处工艺流程不清扣2分		
工件定位与夹紧	能应用定位原理对工件进行正确定位和夹紧	2	1处定位或夹紧不正确扣2分		
	对形状复杂的工件提出夹紧方案	1	夹紧方案不正确扣1分		
刀具准备	能修磨各种刀具	4	不能修磨扣2分		
	刀具的材质与种类	2	不掌握扣2分		
	能够对刀具进行安装、调整、使用	2	安装、调整、使用时1处不当扣2分		
制材加工	能熟练操作制材加工的机械设备	6	1项不熟练扣2分		
	能掌握制材加工流程	4	1处流程有问题扣1分		
	加工配件符合要求	15	有1处质量或精度问题扣2分		
	能解决制材加工中出现的质量问题	5	不能解决扣5分		
成材加工	能熟练操作成材加工的机械设备	6	1项不熟练扣2分		
	能掌握成材加工流程	4	1处流程有问题扣1分		
	加工配件符合要求	15	有1处质量或精度问题扣2分		
	合理选用调整刀具、加工量合理	4	选用调整1处不到位扣2分,加工量1处不合理扣2分		
	能解决成材加工中出现的质量问题	5	不能解决扣5分		
刀具磨修	能掌握木工机械的各种刀具磨修方法	4	不掌握全扣		
	各种刀具安装调整	4	1处安装调整不到位扣2分		
	能设计简单夹具	3	不能设计制作扣3分		
质量检查	能正确使用样板、角度尺进行曲面尺寸检验	4	量具使用1处错误扣1分		
	能根据图纸要求制作简单样板	2	不了解扣2分		
	加工的工件能够达到图纸要求	2	1处达不到2分		
	能够掌握工件的精度检验方法	2	1处测量不正确扣1分		

续上表

考核项目	考核内容	配分	评分标准	扣分说明	得分
质量、安全、工艺纪律、文明生产等综合考核项目	考核时限	不限	超时停止操作		
	工艺纪律	不限	依据企业有关工艺纪律管理规定执行，每违反一次扣10分		
	劳动保护	不限	依据企业有关劳动保护管理规定执行，每违反一次扣10分		
	文明生产	不限	依据企业有关文明生产管理规定执行，每违反一次扣10分		
	安全生产	不限	依据企业有关安全生产管理规定执行，每违反一次扣10分，有重大安全事故，取消成绩		

考评员：　　　　　　　　　　　　　　　　　　　　时间：

职业技能鉴定技能考核制件(内容)分析

职业名称	机械木工				
考核等级	高级工				
试题名称	圆凳面加工、四面刨复杂曲面加工刀具磨修				
职业标准依据	机械木工国家职业标准				
试题中鉴定项目及鉴定要素的分析与确定					
鉴定项目分类 分析事项	基本技能“D”	专业技能“E”	相关技能“F”	合计	数量与占比说明
鉴定项目总数	6	4	1	11	核心职业活动鉴定项目的选取满足不低于2/3的原则
选取的鉴定项目数量	3	3	1	7	
选取的鉴定项目数量占比(%)	50	75	100	64	
对应选取鉴定项目所包含的鉴定要素总数	10	12	4	26	鉴定要素的选取数量占比满足不低于60%的原则
选取的鉴定要素数量	7	12	4	23	
选取的鉴定要素数量占比(%)	70	100	100	88	

所选取鉴定项目及相应鉴定要素分解与说明

鉴定项目类别	鉴定项目名称	国家职业标准规定比重(%)	《框架》中鉴定要素名称	本命题中具体鉴定要素分解	配分	评分标准	考核难点说明
“D”	制定加工工艺	15	能制定简单配件的加工工艺规程	编制圆凳面荒、成材加工工艺规程	2	1处工艺规程大的错误扣2分	工艺规程正确性
			能编制荒、成材加工工艺流程	编制圆凳面荒、成材加工工艺流程	2	1处工艺流程不清扣2分	工艺流程的清晰性
	工件定位与夹紧		能应用定位原理对工件进行正确定位和夹紧	圆凳面进行正确定位和夹紧	2	1处定位或夹紧不正确扣2分	定位和夹紧的合理性
			对形状复杂的工件提出夹紧方案	圆凳面夹紧方案	1	夹紧方案不正确扣1分	夹紧的合理性
	刀具准备		能修磨各种刀具	考件复杂曲面刀具的磨修	4	不能修磨扣2分	复杂曲面的磨修
			刀具的材质与种类	考件复杂曲面刀具的材质与种类	2	不掌握扣2分	刀具的材质与种类
			能够对刀具进行安装、调整、使用	圆凳面加工要求对刀具进行安装、调整、使用	2	安装、调整、使用时1处不当扣2分	调整到位
“E”	制材加工	75	能熟练操作制材加工的机械设备	圆凳面制材加工过程的设备操作	6	1项不熟练扣2分	操作的熟练程度
			能掌握制材加工流程	圆凳面制材加工流程	4	1处流程有问题扣1分	流程的合理性
			加工配件符合要求	圆凳面制材加工符合要求	15	有1处质量或精度问题扣2分	加工余量的把握
			能解决制材加工中出现的质量问题	圆凳面制材加工中随时出现的质量问题	5	不能解决扣5分	解决问题的合理性

续上表

鉴定项目类别	鉴定项目名称	国家职业标准规定比重(%)	《框架》中鉴定要素名称	本命题中具体鉴定要素分解	配分	评分标准	考核难点说明
"E"	成材加工		能熟练操作成材加工的机械设备	圆凳面成材加工过程的设备操作	6	1项不熟练扣2分	操作的熟练程度
			能掌握成材加工流程	圆凳面成材加工流程	4	1处流程有问题扣1分	流程的合理性
			加工配件符合要求	圆凳面成材加工符合要求	15	有1处质量或精度问题扣2分	尺寸精度的把握
			合理选用调整刀具、加工量合理	圆凳面加工选用调整刀具、加工量合理	4	选用调整1处不到位扣2分，加工量1处不合理扣2分	加工量的合理掌握
			能解决成材加工中出现的质量问题	圆凳面制材加工中随时出现的质量问题	5	不能解决扣5分	选择的合理性
	刀具磨修		能掌握木工机械的各种刀具磨修方法	复杂曲面刀具的磨修	4	不掌握全扣	方法的灵活性
			各种刀具安装调整	复杂曲面刀具的磨修过程中的安装调整	4	1处安装调整不到位扣2分	安装调整的合理性
			能设计简单夹具	复杂曲面刀具的磨修简单夹具	3	不能设计制作扣3分	夹具的实用性
"F"	质量检查	10	能正确使用样板、角度尺进行曲面尺寸检验	用常用量具检验考件各尺寸	4	量具使用1处错误扣2分	正确使用量具
			能根据图纸要求制作简单样板	磨刀时测量样板的制作	2	不了解扣2分	方法的多样性
			加工的工件能够达到图纸要求	考件尺寸	2	1处达不到扣2分	尺寸的精度
			能够掌握工件的精度检验方法	考件的各种检验方法	2	1处测量不正确扣2分	检验仪器选用
质量、安全、工艺纪律、文明生产等综合考核项目				考核时限	不限	超时停止操作	
				工艺纪律	不限	依据企业有关工艺纪律管理规定执行，每违反一次扣10分	
				劳动保护	不限	依据企业有关劳动保护管理规定执行，每违反一次扣10分	
				文明生产	不限	依据企业有关文明生产管理规定执行，每违反一次扣10分	
				安全生产	不限	依据企业有关安全生产管理规定执行，每违反一次扣10分，有重大安全事故，取消成绩	